DESCRIPTION DES PHARES

(ÉDITION DE 1880)

SUPPLÉMENT GÉNÉRAL

AU 1er JUILLET 1884

Ce Supplément comprend tous les CHANGEMENTS et ADDITIONS survenus depuis le 1er Janvier 1881 jusqu'au 1er Juillet 1884 et remplace tous les Suppléments parus successivement.

N.-B. — Les chiffres en tête des paragraphes indiquent les pages du livre des phares (1880) qui doivent contenir les modifications.

PARIS

ANCIENNE MAISON ROBIQUET
LIBRAIRIE HYDROGRAPHIQUE

G. BINOIS
11, RUE DE CLUNY, 11

1884

DESCRIPTION DES PHARES

(ÉDITION DE 1890)

SUPPLÉMENT GÉNÉRAL

AU 1er FÉVRIER 1894

[illegible]

Nota. — [illegible]

PARIS

[illegible]

1894

SUPPLÉMENT GÉNÉRAL

AU 1er JUILLET 1884

MER du NORD, MER BALTIQUE et MER BLANCHE

1. — Nieuport. Sur les dunes à l'Est de l'entrée, un feu *fixe rouge*, dans un phare élevé de 30 m., visible de 14 milles (51° 9' 25" N. — 0° 23' 16" E.). Sur la tête du môle Est, un feu *fixe rouge*, élevé de 8 m., visible de 5 milles.

Ostende n° 3. Par temps de brume on sonne une clocle 5 minutes par quart d'heure. La portée du feu est de 5 milles.

2. — Ouest Hinder et **Vielingen** portent un feu *blanc* d'évitage sur l'étai, à 2 m. au-dessus du bastingage. Cloche de brume.

Wandelaar (flottant) après *Vielingen*. Près du banc *Wandelaar* feu *tournant à éclipses* de 5 en 5 secondes, élevé de 10 m. 5, visible à 11 milles. Bateau peint en rouge avec bandes noires. Sirène de brume de 2 en 2 minutes (51° 22' 16" N. et 0° 41' E.).

3. — Flessingue n° 3. Port du chemin de fer. Le feu *fixe rouge* du môle Ouest a été changé en un feu *fixe vert*. Lorsque le port est inaccessible, il n'est pas allumé ; mais un feu *fixe rouge* est allumé à l'ext. de cette jetée. Les 2 feux allumés simultanément indiquent que l'accès du port est impraticable aux navires calant plus de 6 m.

3. — Kruishoofd. Position : 51° 23' 42" N. et 1° 8' 3" E.

Kaapduinen. Après *Oostgat*. Sur les dunes 2 feux *fixes* près de *Galgenshaar* sur des poteaux rouges, visibles 10 et 15 milles, le feu supérieur (51° 27' 35" N. et 1° 12' E.).

4. — Nieuwe Neuzen (D. 4). Sur la pointe N. O. du

polder feu *fixe* servant de marque dans la passe de *Neuzen* (51° 21′ 1″ N. et 1° 26′ 6″ E.).

5. — Frédéric du Nord. Position : 51° 20′ 11″ N. et 1° 56′ 42″ E.

5. — Doel. Position : 51° 18′ 43″ N. et 1° 55′ 54″ E.

Après *Kruisschans*. 2 feux *fixes blancs* et *rouges* près du *fort de la Perle*, sur la digue du débarcadère, et à la *Pipe de Tabac*, sur la pointe de l'*Ecluse tournante*.

5. — Veere n° 2. Le feu de la jetée N. est changé en *fixe vert*. Lorsque le port est inaccessible, il n'est pas allumé; et un *fixe rouge* est allumé à l'extrémité de cette jetée.

Les deux feux allumés simultanément indiquent que l'accès du port est impraticable aux navires calant plus de 6 mèt.

Le feu de la jetée S. est *fixe blanc* et non fixe rouge.

6. — Sloe Vulpenburg. Le feu est *rouge* dans le N. du canal.

6. Après *Goerishoek* **Strijenham** (C.). Feu *fixe blanc*, sur la digue du *Polder de Steeland* (île Tholen) (51° 31′ 19″ N. et 1° 48′ 21″ E.).

6. — Bergen op Zoom. Position : 51° 29′ 38″ N. et 1° 55′ 22″ E.

6. — Bruinisse. Position : 51° 39′ 51″ N. et 1° 45′ 44″ E.

6. — Westchouwen (D. 1). Le feu est *tournant*, montrant toutes les *demi-minutes*, 2 *éclats blancs* en succession rapide, suivis d'une *éclipse*.

6. — Banc Schouwen flottant, bateau-feu *tournant blanc*, de 30 s. en 30 s., 3 *éclats blancs* suivis d'une *éclipse*, élevé de 10 m. 9 et visible de 11 milles; bateau peint en *rouge* avec bande *blanche*, sirène de brume, 3 sons toutes les 2 m. (51° 46′ 56″ N. et 1° 5′ 46″ E.). Coups de canon lorsqu'un navire court sur un danger.

7. — Haamsteede. Le feu est *blanc*. Position : 51° 43′ 52″ N. et 1° 23′ 32″ E.

7. — Ouddorp. Position : 51° 49′ 31″ N. et 1° 33′ 18″ E.

7. — Scherm van Goerée. Position : 51° 50′ 2″ N. et 1° 36′ 30″ E.

7. — Bokkengat. Le bateau-feu est actuellement par 51° 51′ 48″ N. et 1° 37′ 18″ E. Visible de 9 milles. Cloche de brume.

8. — Bouée à gaz par 5 mèt. 8 dans l'O. à 200 mèt. du précédent.

8. — **Nord Pampus** (flottant) mouillé par 6 mèt. 4 d'eau, 2 mâts, ballon rouge au grand mât, feu au mât de l'arrière (51° 51′ 56″ N. et 1° 40′ 50″ E.).

8. — **Kwak-Hoek.** Le feu paraît *rouge* quand on le relève du N. 65° E. au N. 45° E. au-dessus de la nouvelle position de la bouée à cloche *noire* de *Kwak*.

8. — **Hellevoetsluis.** Les 2 feux de l'extrémité du canal de Voorne sont *verts*.

Cloches de brouillard sur la tête du môle de l'E. et près du phare de Hoornsch Hoofden.

8. — **Willemstadt.** Le feu est *fixe blanc*.

8. — Après *Dorsche Kil*, **Mallegat** (vieille Meuse). Feu *fixe blanc*, sur la digue en pierre, entrée N. du canal (51° 48′ 19″ N. et 2° 18′ 24″ E.).

9. — **Maasluis Scheur.** 7 feux *fixes blancs*.

9. — **Brielle.** Le feu est *blanc*.

9. — **Nieuwe-Sluis.** Les 2 feux du canal de Voorne sont *fixes verts*.

9. — **Canal de Rotterdam.** Le feu de Zuiddam est éteint. Les feux *rouges* de *Krimsloot* sont maintenant *verts*.

9. — **Zanddijk.** Près de la balise à écran feu *fixe rouge* d'alignement. Visible 3 milles.

9. — **Génie Stelling.** Sur l'échafaudage du *Génie*, à 500 mèt. à l'E. du précédent, *fixe rouge*, visible 3 milles. Leur alignement conduit dans le Westgat.

10. — **Ijmuiden.** Les 2 feux rouges et les 2 feux bleus sont éteints. 2 feux fixes nouveaux sont allumés, l'un sur le bout de la jetée extérieure du N., *rouge* vers le large, *vert* du côté du port; l'autre sur la jetée extérieure du S., *vert* du côté du large, *rouge* du côté du port. Visible de 2 milles.

10. — **Ijmuiden.** 3 feux *fixes blancs*, un sur la tête de la digue du N., l'autre sur la tête de la digue du S., et le troisième sur la tête de l'écluse.

11. — **Schulpengat.** Sur la dune de **Dirkoom**, feu *fixe*, visible de 12 milles, élevé de 18 mèt. (52° 56′ 50″ N. et 2° 22′ 54″ E.).

11. — **Banc Terschelling** (B. flottant) par 28 mèt. d'eau, feu *blanc intermittent*, élevé de 11 mèt., visible de 11 milles (53° 26' 55" N. et 2° 30' 46" E.), Bateau *rouge* 2 mâts, ballon *noir* au grand mât, Sirène et cloche de brume.

12. — **Ven.** Le feu est *fixe blanc et rouge.*

12. — **Enkhuisen.** Le feu *fixe vert* n'existe plus.

13. — **Hulsen.** Le feu du côté Ouest du port est *fixe blanc.*

13. — **Hoek van't IJ.** Cloche de brouillard, 45 coups par minute.

13. — **Harderwijk.** Le feu du môle de l'Ouest est *fixe blanc.*

14. — **Ketel** et **Kraggenburg.** Cloches de brouillard.

14. — **Kuinre.** 2 feux sur la digue O., un *fixe vert* sur la tête de la digue et, à 200 mèt. en dedans, un feu *fixe blanc.*

15. — **Ameland.** Sur la dune N.-O. de l'île, à 1.820 mèt. N.-O. q. N. de l'église de *Hollum*, feu *blanc scintillant* de 10 en 10 s., élevé de 57 mèt., visible de 20 milles (53° 27' N. et 5° 17' 21" E.).

15. — **Récif Borkum.** Sirène de brume, sons de 5 s. toutes les minutes. Cloche en cas d'avarie. Bateau déplacé, mouillé par 53° 49' 18" N. et 3° 56' 52" E.

16. — **Minsener Sand** (flottant) par 13 mèt. d'eau (53° 46' 30" N. et 5° 44' 45" E.).

16. — **Jade.** Bouée à gaz à l'entrée par 10 mèt. d'eau, feu *fixe vert*, visible de 3 milles.

16. — **Wilhemshaven.** Le feu du port des torpilles est éteint.

17. — **Banc Génius** (flottant) par 9 mèt. d'eau, remplacé l'hiver par une bouée à gaz peinte en *rouge* montrant un feu *fixe blanc* élevé de 4 mèt. (53° 34' 45" N. et 4° 50' 27" E.).

17. — **Rother Sand.** Phare en construction.

17. — **Bremen.** Gong et cloche de brume.

18. — **Bremerhaven.** Balise feu à 1.095 mèt. au N. 35° O. du phare, feu *fixe blanc*, tenue en ligne avec le feu de *Bremerhaven*, conduit dans le chenal.

18. — **Gustav Heinrich.** Un ballon *noir* de 2 mèt. 6 de diamètre à la place du pavillon rouge.

18. — **Galiote des pilotes.** Le feu fixe blanc est remplacé par 2 feux : 1 *fixe blanc* élevé de 5 m. 5 sur l'étai de misaine, et 1 *fixe rouge* élevé de 19 m. au grand mât. La galiote a été transportée dans le milieu du chenal par 19 m. d'eau à 2 milles 8/10 à l'E. q. S.-E. du bateau-feu n° 1 (53° 59′ 54″ N. et 6° 2′ 29″ E.). Par très mauvais temps, elle prend la station inférieure entre les bateaux 2 et 3. Le feu flottant n° III a remplacé le pavillon rouge à carré blanc par un ballon conique noir.

19. — **Belum,** après *Altenbruch,* sur la rive gauche de l'*Oste,* fixe *blanc, rouge* et *vert* (53° 49′ 20″ N. et 6° 41′ 35″ E.).

19. — **Schelenkulen,** après *Bösch,* sur la rive Holsteinoise, *fixe vert* en amont, *rouge* en aval (54° 52′ 42″ N. et 6° 55′ 52″ E.).

20. — **Lühe.** Un feu *fixe blanc* et *vert* est allumé sur l'appontement de l'embouchure de la *Lühe.*

20. — **Mielstaks.** Le feu est éteint.

20. — Après *Schülau.* Feu *fixe rouge* sur la rive droite de l'*Este,* sur une balise élevée de 7 mèt. 3 (53° 32′ 9″ N. et 7° 27′ 46″ E.).

21. — **Galiote des pilotes** (*Eider*). Position : 54° 14′ 10″ N. et 6° 15′ 11″ E.).

22. — **Munkmarsh.** Le feu S. est *fixe rouge.*

22. — **Hoyer.** Le feu sur l'écluse est *fixe rouge.*.

23. — **Lemwig.** Au côté O. du *Wick,* 2 feux *fixes rouges* pour le service de la compagnie des bateaux à vapeur.

23. — **Thisted.** Un feu *fixe vert* au côté N., sur le quai des bateaux à vapeur.

23. — **Klitmoller.** 2 feux *fixes rouges,* visibles de 4 milles. Sur le côté N. de l'*Orhage* (57° 2′ 30″ N. et 6° 9′ E.).

23. — **Hirhals.** Le feu est *fixe blanc,* montrant un éclat de 6 secondes toutes les 2 minutes, élevé de 55 mèt. (57° 35′ 5″ N. et 7° 36′ 31″ E.).
Dans la même tour, sur le côté N.-O., un feu *fixe blanc, rouge* et *vert.*

25. — **Trindelen.** Le feu fixe blanc est remplacé par un feu *blanc tournant* à éclats de 30 s. en 30 s.

25. — **Kobbergrund.** Les 3 feux fixes sont remplacés par un feu *fixe blanc.* Bateau gréé en goëlette. — Ballon *rouge* en tête de mât.

25. — **Ile Anholt.** Le feu tournant est remplacé par

un feu *blanc* à éclats de 20 s. en 20 s., élevé de 40 mèt. 5, et visible de 17 milles.

26. — **Anholt Knob.** Le feu est *blanc tournant à 2 éclats blancs* toutes les minutes.

26. — Après *Fornæs*, **Grenaa.** Feu *fixe rouge* sur le môle S. du port (56° 24′ 42″ N. et 8° 35′ 10″ E.).

26. — **Hjelm.** Le feu est *fixe blanc*, montrant un éclat de 3 s. toutes les minutes.

Dans le fond de la baie *Ebeltoft*, deux feux de direction, l'un *fixe blanc*, l'autre *fixe blanc et rouge*; l'alignement de ces feux fait passer dans l'E. de *Skadegrund*.

On doit allumer sur la jetée du port un feu *fixe blanc*, visible de 12 milles.

27. — Après *Tylö*, sur le rocher **Vingaskär**, près de *Torekov*, un feu *fixe blanc et rouge*, vis. de 6 et 10 milles.

27. — **Nidingen.** Sirène de brume.

27. — **Elfsborg.** Eteint et remplacé par **Knippel-holm.** Sur le *Knippelholm* S.-E., feu *fixe blanc et rouge*.

27. — **Carnegieska.** Sur le rivage, à 53 mèt. l'un de l'autre, 2 feux *fixes rouges*, élevés de 26 mèt. 5 et 19 mèt. En entrant à Gothenbourg, tenir ces feux en ligne.

28. — **Winga.** 2 feux de port *fixes blancs*, pour l'entrée O. du port d'embarcation. Sirène de brume.

28. — Après *Maseskär*, **Uddevalla.** Dans le chenal, au sommet d'une balise, un feu *fixe, rouge, vert et blanc*.

28. — **Ile Fredagsholm.** Dans le S.-E. d'*Islandsberg*, un feu *fixe blanc et rouge*, élevé de 3 mèt. 7 et visible de 5 milles.

28. — Sur **Islandsberg**, un feu *blanc et rouge, à éclats*, élevé de 11 mèt., visible de 11 milles.

28. — Sur l'île **Osö**, un feu *fixe blanc et rouge*, élevé de 15 mèt., visible de 7 milles.

28. — Après *Hallö*, **Hollandarberg** (île Smögen), un feu *fixe blanc* (58° 21′ 43″ N. et 8° 52′ 45″ E.).

28. — **Ile Skarfvasätt.** Feu *scintillant, à éclats blancs et rouges* (58° 21′ 57″ N. et 8° 52′ 39″ E.).

28. — **Ile Mägholm.** Feu *fixe blanc* (58° 32′ 32″ N. et 8° 53′ 46″ E.).

28. — **Klofskär.** Dans le *Sote Fiord*, un feu *fixe*

blanc et *à éclat blanc*, élevé de 15 mèt., vis. de 12 milles (58° 25′ 12″ N. et 8° 53′ E.).

29. — **Westborg.** Le feu est *fixe*, montrant un *éclat* de 5 s. toutes les minutes.

29. — Après *Horsens*, **île Æbelö.** Un feu *blanc à éclats*, élevé de 20 mèt. 4, visible de 13 milles (55° 38′ 40″ N. et 7° 49′ 46″ E.).

30. — **Strib.** Sur la pointe *Strib*, un feu *fixe blanc*, élevé de 15 mèt., visible de 12 milles (55° 32′ 35″ N. et 7° 25′ 36″ E.).

30. — Après n° 9, **Skjoldnæs** (île d'Ærö). Un feu *blanc à éclats* de 30 s. en 30 s., élevé de 32 mèt. 3, visible de 15 milles. Sirène de brume, un son toutes les 2 min. (54° 58′ 10″ N. et 7° 52′ 24″ E.).

31. — **Eckernförde.** Sur l'extrémité de la jetée, le feu est *fixe rouge*.
Sur le rivage, au S. de la ville, 2 feux *fixes* pour parer le *Mittelgrund*.

31. — Après *Friedrichsort*, **Kitzenberg.** Feu *vert*, élevé de 7 mèt. 5. Il n'est visible que dans le chenal du fiord de *Kiel* (54° 21′ 47″ N. et 7° 50′ 42″ E.).

31. — **Kiel.** 2 feux *fixes rouges* sur les débarcadères N. et S.

32. — **Wester Markelsdorf** (île Fehmarn) D. 4. A l'extrémité N.-O. de l'île, un feu *fixe blanc à éclats*, élevé de 12 mèt., visible dans un secteur de 270° (54° 31′ 45″ N. et 8° 43′ 29″ E.).

33. — Après *Romsö*, **Kerteminde.** Un feu *fixe vert* sur le môle du N., et à 175 mèt. au S. 88° O. du précédent, un feu *fixe rouge* (55° 29′ N. et 8° 27′ E.).

34. — Après *Lundeborg*, **Lohals.** Sur la tête de l'appontement, feu *fixe*.

35. — Après *Nakkehoved*, **Lappegrund** (flottant) par 20 mèt. d'eau, feu *blanc à éclats*, élevé de 9 mèt. 2, visible de 10 milles.
Station de pilotes. Sirène de brume à vapeur, 2 sons par minute (56° 4′ 6″ N. et 10° 16′ 22″ E.).

36. — Avant *île Hven*. **Sletten.** Sur le môle S. du port, feu *fixe rouge* et *blanc*, élevé de 3 mèt. 5 (55° 57′ 15″ N. et 10° 12′ E.).

36. — **Skovshoved.** Le feu est *fixe rouge* et *blanc*.

37. — Après *Nordre Röse*, **Kollebo-Strand**. A l'entrée S., un bateau-feu montre 2 feux *verticaux*, le supérieur *blanc*, l'inférieur *rouge*, visibles de 8 milles. Sirène de brume. Le jour, ballon *rouge* au grand mât (55° 35′ 24″ N. et 10° 10′ 40″ E.).

37. — Après *Moën*, **Hesnæs** (île Falster). Sur l'extrémité de la jetée O. du nouveau pont, deux feux *fixes*, un *rouge*, l'autre *blanc*; l'alignement de ces feux fait parer la tête du môle S., allumés du 15 août au 1ᵉʳ mai (54° 49′ 5″ N. et 9° 49′ E.).

38. — Après *Kullen*, **Molle**, feu de port *fixe*, *blanc* et *rouge*, sur l'extrémité du môle extérieur, élevé de 4 mèt. 5 et visible de 5 milles, le secteur rouge conduit dans le port.

38. — **Höganas**. Sur l'extrémité du pont du port, un feu *fixe vert*, et à 861 mèt. dans le N. 84° E. du précédent, un feu *fixe blanc*.

38. — Après *Landskrona*, **Barsebäk**, feu *fixe blanc* et *rouge*, sur la tête du môle S., élevé de 4 mèt. 5 et visible de 5 milles.

38. — **Malmö**. Dans le port, le feu *rouge* est *fixe blanc*; le feu *vert* n'existe plus.

39. — **Limhamn**. 2 feux *fixes*, l'un *rouge*, l'autre *blanc*, allumés pendant la saison de pêche.

39. — **Skanör**, feu *fixe blanc* et *rouge*, élevé de 4 m. 5 et visible de 5 milles, sur la tête du môle N.

39. — **Falsterbö** (flottant). Sirène de brume.

39. — **Falsterbö**. Signaux faits au mât près du phare : boule à l'ext. N. de la vergue, les bateaux du *Flint Rinne* sont enlevés; boule à l'ext. S., le bateau *Drogden* est retiré; boule au mât, au-dessus de la vergue, les bateaux-feux du *Flint Rinne* sont retirés et le chenal est fermé par les glaces; une boule au-dessous de la vergue, le port de *Malmö* est fermé par les glaces.

39. — **Due Odde**. 2 feux *fixes*, au lieu d'un.

39. — **Hammeren**. Sirène de brume, 2 sons toutes les 2 minutes.

40. — **Hasle**. Sur la tête du môle O., un feu *fixe rouge*, visible de 4 milles (55° 11′ 15″ N. et 12° 22′ 16″ E.).

40. — **Rönne**. Les 2 feux sont *fixes rouges*.

40. — **Warnemünde**. Les feux des môles E. et O. sont *fixes rouges*.

Au bord de la digue, côté O. du canal, un feu *fixe rouge*, visible de 6 milles, allumé jusqu'à minuit.

41. — **Wismar.** Un secteur éclaire la baie de *Wohlenberg*; le feu est visible dans cet espace quand on le relève entre le N. 43° E. et le N. 66° E.

41. — **Greifswalde.** Un feu *fixe rouge* sur la tête du môle N., élevé de 7 mèt., allumé du 15 mars au 1er décembre (59° 26' 45" N. et 16° 3' 16" E.).

— 42. **Colbergmünde.** Le feu est *fixe rouge*.

— 43. **Pillau.** Entre nᵒˢ 1 et 2, sur le poteau O. du môle de l'avant-port, 2 feux de port verticaux, le supérieur *blanc*, l'inférieur *rouge*. Allumés pendant la navigation.

44. — **Memel.** Un pavillon *jaune* flottera sur la coupole du phare aussi longtemps que les bâtiments au large pourront se procurer des pilotes. Si le pavillon n'est pas hissé, les navires ne pourront entrer que d'après les signaux de la balise indicatrice.

44. — **Curisches Haff.** 2 feux sont allumés à l'embouchure de la *Deime*.

44. — Après *Liöuser-Ort*, **Michaels.** Dans la tour *Michaels*, un feu doit être allumé.

45. — **Domes-Ness.** Sirène de brume.

46. — **Île Pater Noster** (Varilaïd), sur la pointe N.-E. de l'île; un feu *fixe, blanc* et *rouge, à éclats*, élevé de 14 mèt., et visible de 12 milles, 3 *éclats rouges*, suivis d'une *éclipse* de 2 s. entre le S. 17° E. et le N. 10° O. par l'O., et un *éclat blanc* de 1 en 1 s. sur le reste de l'horizon. Cloche de brume.

46. — **Verder.** Le feu blanc et rouge est remplacé par un feu *fixe blanc*.

49. Après *Nerva.* **Îles Vidskär.** Feu de direction *alternativement blanc et rouge*, montrant 26 éclats par minute, élevé de 6 mèt., visible de 5 milles (60° 24' 32" N. et 25° 37' 38" E.).

49. — Entrée de **Viborg.** Sur les îles *Rondö, Peïsari* et *Rödhäll,* feux de direction *alternativement blancs et rouges*.

50. — Après *Néva.* Canal maritime de **Saint-Pétersbourg,** 2 bouées à gaz, *fixe rouge* à l'extrémité de la jetée N., et *fixe blanc* à l'extrémité S. du canal.

50. — **Sestroretsk.** Il ne faut pas compter sur l'allumage des feux.

50. — **Peterhöff.** Signal de brume sur le môle.

52. — Avant *Logsker*, **Bogscher.** Feu *fixe blanc*, à éclats sur le plus O. des rochers de ce groupe au S. des *îles d'Aland* (59° 30′ 15″ N. et 18° 1′ 1″ E.).

52. — **Ile Stora Bätskär.** Feu de direction *alternativement blanc et vert*, élevé de 9 m. 4, visible de 6 milles (59° 58′ N. et 17° 36′ 44″ E.).

52. — **Iles Kobbaklintarne.** Feu de direction *alternativement rouge et blanc*, élevé de 7 mèt. 7, visible de 6 milles (60° 2′ N. et 17° 32′ 37″ E.).

52. — **Tchoepsmandgrund.** Sur cet îlot, côté N. du passage d'Ersta, un feu *rouge*. Élévat. 7 mèt. 9, visible de 6 milles quand on le relève entre le N. 53° O. et le S. 46° E. par le N. Position : 60° 24′ 20″ N. et 16° 47′ 16″ E.).

52. — Après *Nioustadt*, **Ile Pura Holmen** et **Hanga**, 2 feux de direction *alternativement blancs et rouges*. Le premier, élevé de 13 mèt., visible de 5 milles (60° 16′ 30″ N. 19° 35′ 46″ E.); le second, élevé de 30 mèt., visible de 5 milles (60° 16′ 48″ N. et 19° 36′ 6″ E.).

52. — **Biernebourg.** 2 feux de direction, un *rouge*, l'autre *blanc*, sur pilotis dans le chenal de *Revsoe*.

52. — Après *Kaskœ*, sur le banc **Harrgrund**, approches de *Sideby*. Feu de pêcheurs *fixe blanc*, sur une perche, élevé de 6 mèt. (61° 59′ 15″ N. et 18° 57′ 16″ E.).

53. — Après *Snipan*, île **Markalla.** Feu de pêcheurs *fixe blanc*, du côté extérieur du chenal *Kalaiok* (64° 18′ 55″ N. et 21° 10′ 16″ E.).

53. — Après *Haparanda*, **Torneä**, feu proposé.

53. — **Germundsö** (D. 4). Sur le côté E. de l'île un feu *fixe à éclats blancs et rouges*, visible de 10 milles (65° 22′ 52″ N. et 19° 54′ E.).

53. — **Ile Hällgrund.** Un feu de direction *blanc et rouge*, montrant 50 éclats par minute, élevé de 3 mèt. 7, visible de 4 milles (63° 38′ 36″ N. et 20° 4′ 56″ E.).
Un feu *fixe blanc* sur le côté E. de l'île *Germundsö*.

53. — Après *Lilla Leskär*, **Rönnskar**, entre *Skellefted* et *Piteå*, sur un côté de la maison des pilotes, *fixe rouge*, élevé de 7 mèt., visible de 5 milles entre le S. 54° O. et le N. 53° O. par l'O., et entre le N. 50° O. et le N. 71° E. par le N. Le petit secteur dans lequel le feu n'est pas visible couvre le récif *Nygrunden*. Les navires attendant un pilote

doivent tenir le feu en vue (*allumé du 1er août au 15 novembre*).

53. — 2 feux *fixes blancs* de direction sont allumés dans le **Pit Sund**, entrée de *Piteå*, élevés de 13 mèt. 4, visible de 6 milles (65° 13' 30" N. et 19° 9' 45" E.).

53. — **Gasören** (D. 4). 2 feux : le 1er *fixe à éclats*; le 2e à 67 mèt. du précédent, dans l'O., visibles de 12 milles; tenus l'un par l'autre, ils conduisent entre l'*Olsgrund* et *Röonskäret*.

54. — **Holmö Gadd**. Par temps de brume un coup de canon chaque 15 minutes.

54. — **Sydostbrotten**. La sirène de brume fait entendre pendant 1 minute 4 ou 5 sons à intervalles très courts.

55. — Après *Agö*, **Saltvika Udde**, à l'entrée O. du port de Hudiksvall, feu *fixe à éclats*, élevé de 7 mèt. 3, visible de 10 milles. *Blanc* à *double éclat* du N. 40° O. au N. 36° O.; *fixe blanc* entre le N. 36° O. et le N. 34° O.; et enfin, à 1 *éclat rouge* entre le N. 34° et le N. 27° O. Le feu *fixe blanc* fait parer tous les dangers. Allumé du 1er août au 15 décembre (61° 40' 30" N. et 14° 56' 15" E.).

55. — **Lill Jungfrun** (baie de Gefle). Feu *alternativement blanc et rouge*, élevé de 5 mèt. (61° 15' 18" N. et 14° 58' 46" E.).

55. — **Westra Finngrundet** (flottant). A l'extrémité S.-O. du banc, feu *fixe rouge*, visible de 8 milles. Bateau peint en *rouge*. Sirène de brume à vapeur, 5 sons par minute (60° 54' N. et 15° 38' E.).

— Dans l'O. de **Gasholm**, au côté S. du fiord d'*Axmar*, feu *alternativement blanc et rouge*, élevé de 4 mèt. (61° 0' 54" N. et 14° 53' 46" E.).

55. — Sur le rocher **Trödjehällan** (baie de Gefle). Feu *alternativement blanc et rouge*, élevé de 5 mèt. (60° 48' 36" N. et 15° 1' 46" E.).

55. — **Björn**. Par temps de brume, un coup de canon chaque 15 minutes.

55. — **Eggegrund**. Cloche de brouillard.

56. — **Oregrund** (flottant). Remplacé par une bouée ayant la forme d'un bateau, et montrant un feu *fixe blanc*, élevé de 6 mèt., visible de 8 milles.

56. — **Djursten.** Le feu est fixe à *éclats blancs et rouges*.

56. — **Understen.** Signal de brume à vapeur.

56. — **Tolförsgrund.** Un feu est allumé, du 1er août au 15 décembre, sur le rocher N.-E. des récifs *Tolförsgrund*, il est *alternativement blanc et rouge*.

Ile Karingö. Sur la pointe E. de l'île, un feu *alternativement blanc et rouge*, élevé de 3 mèt. (60° 18' 12" N. et 16° 12' 16" E.).

56. — **Gaasten.** 3 feux de direction *fixes rouges*.

56. — **Svedubben.** Feu alternat. *blanc et rouge*, élevé de 3 mèt. (59° 50' 36" N. et 16° 45' 10" E.).

56. — **Ile Tyfö.** Feu alternat. *blanc et rouge*, élevé de 10 mèt. (59° 46' 24" N. et 16° 47' 34" E.).

56. — **Ile Botveskär.** Feu alternat. *blanc et rouge*, élevé de 5 mèt. (59° 44' 6" N. et 16° 51' 46" E.).

56. — **Yxlan** (*Furu Sund*). Feu alternat. *blanc et rouge*, élevé de 7 mèt. 4 (59° 39' 54" N. et 16° 36' 34" E.).

56. — **Kapellskär** (*Furu Sund*). Feu alternat. *blanc et rouge* (59° 43' 15" N. et 16° 45' E.).

57. — Après *Svenska-Björn*, récif **Waxlet.** Feu altern. *blanc et rouge* (59° 35' N. et 16° 24' 16" E.).

57. — **Stabo Udde.** Feu alternat. *blanc et rouge*, élevé de 3 mèt. (59° 33' 50" N. et 16° 17' 58" E.).

57. — **Nygvarsholm.** Feu alternat. *blanc et rouge*, élevé de 2 mèt. 5 (59° 30' 51" N. et 16° 9' 48" E.).

57. — **Yxhammarklub.** Feu alternat. *blanc et rouge* (59° 22' 30" N. et 16° 29' E.).

57. — **Langholm.** Feu alternat. *blanc et rouge* (59° 18' 20" N. et 16° 25' 50" E.).

57. — **Stenkaringen.** Feu alternat. *blanc et rouge*.

57. — Rocher **Brödstycket.** Feu alternat. *blanc et rouge* (59° 26' 45" N. et 18° 23' 30" E.).

57. — **Ile Oranieholm.** Feu alternat. *blanc et rouge* (59° 27' N. et 16° 4' E.).

57. — **Faklubben.** Feu alternat. *blanc et rouge* (59° 23' 30" N. et 16° 18' E.).

57. — **Galtholm.** Feu alternat. *blanc et rouge* (59° 22' 52" N. et 16° 20' 36" E.).

57. — **Kodlup.** Sur les rochers **Duc d'Albe**, 2 feux *fixes blancs* (59° 24' N. et 16° 24' 16" E.).

57. — Sur une roche, dans le **Lindel Sund**, Feu altern. *rouge et blanc* (59° 25' 25" N. et 16° 0' 22" E.).

57. — **Oxdjupet.** 2 feux *fixes* sur des bouées.

57. — Sur le rocher **Garpen.** Feu alternat. *rouge et blanc* (59° 21' 51" N. et 16° 2' 46" E.).

57. — **Hufvudskär.** Feu *fixe* à éclats de 2 en 2 min., élevé de 22 mèt., visible de 12 milles (58° 57' 52" N. et 16° 14' 16" E.).

57. — Sur le rocher **Boderhäll.** Feu altern. *blanc et rouge*, visible de 6 milles (59° 0' 45" N. et 15° 55' 30" E.).

57. — Sur le rocher **Lilla Rotholm.** Feu altern. *blanc et rouge* (59° 4' 20" N. et 16° 0' 16" E.).

57. — **Bo.** Feu alternat. *blanc et rouge* (59° 18' 36" N. et 15° 57' 58" E.).

57. — **Ile Kofoten** (*Fiord de Namudo*). Feu alternat. *blanc et rouge* (59° 13' 30" N. et 16° 17' 16" E.).

57. — Après *Roko*, sur le rocher **Vattklubben.** Feu alternat. *rouge et blanc* (58° 49' 33" N. et 15° 24' 31" E.).

57. — Sur le récif **Kräkskär.** Feu alternat. *rouge et blanc* (58° 51' 22" N. et 15° 24' 53" E.).

58. — Avant *Ledskär*, sur un rocher dans le Sund de **Bockholm.** Feu alternat. *rouge et blanc* (59° 16' 40" N. et 15° 19' 56" E.).

58. — Dans le Sund de **Lina.** 4 feux *fixes blancs* de direction.

58. — Après *Ledskär*. Dans la maison des pilotes Sund d'**Oxelö**, un feu *fixe blanc* de direction (58° 39' 54" N. et 14° 47' 46" E.).

58. — **Hvittskärsgrund** (*Norrköping*). Sur une balise un feu *fixe blanc*.

58. — Après *Barösund*. Sur le haut fond **Kopparste-narne** (flottant). Feu *fixe blanc*, visible 9 milles. Bateau peint en rouge. Sirène de brume (58° 35' 18" et 16° 49' E.).

58. — **Gottska.** Sur la pointe S.-E. de l'île, feu *rouge* à éclat de 5 en 5 sec., élevé de 12 mèt., visible de 12 milles (58° 20' 22" N. et 16° 57' 46" E.).

58. — Le feu le plus N. de la pointe N.-O. est *fixe blanc* à *éclats*.

58. — Après *Farö*. Sur l'île **Enholm**. Feu à *éclats blancs et rouges*, élevé de 6 mèt.

59. — Après *Kappeludden*, **Segerstad**. Feu *rouge à éclat* de 5 en 5 sec., élevé de 21 mèt., visible de 14 milles (56⁰ 22′ 12″ N. et 14° 14′ 16″ E.).

59. — **Oland**. Coup de canon chaque 15 min. par temps de brume.

60. — **Grimskär**. A 18 m. du feu actuel, dans le N. 54° O., un feu *fixe blanc* et *rouge*, élevé de 12 mèt. 5.

60. — Sur la presqu'île **Skaggenäs** (*Sund de Kalmar*). Feu *fixe blanc*, élevé de 5 mèt. 4, visible de 9 milles (56° 46′ 18″ N. et 14° 8′ 58″ E.).

60. — **Utlängan**. Sur la pointe S. de l'île, feu *fixe blanc* et *rouge*, visible de 8 milles.

60. — **Uttklippan**. Ce feu montre un secteur *rouge*, visible du S. 21° E. au S. 60° O. par le S.

60. — **Carlskrona**. 3 feux de port : un *fixe vert* à l'extrémité E. de l'appontement des bateaux à vapeur, un *fixe rouge* à l'extrémité de l'appontement N., et un *fixe vert* à l'extrémité O. du brise-lames.

61. — **Carlshamn** (C.). 2 feux : le premier dans la ville, *fixe*, visible 8 milles; le deuxième à 209 mèt. du précédent, *fixe rouge*, visible 5 à 6 milles.

61. — Après *Hanö*, **Skillinge**. Sur la tête du môle E. du village, feu *fixe blanc* et *rouge*, visible de 5 milles. Allumé du 15 juillet au 1ᵉʳ décembre.

61. — **Cimbrishamm**. Feu alternat. *blanc* et *rouge*, élevé de 7 mèt. 3, visible de 6 milles.

61. — Pointe **Smyge**. Feu alternat. *blanc* et *rouge*, élevé de 19 mèt. 6, visible de 13 milles (55° 20′ 24″ N. et 11° 1′ 34″ E.).

62. — **Hegholm**. Le feu est visible entre l'O.-S.-O. et le S.-E. q. E.

62. — **Dynen**. Cloche de brouillard.

63. — Avant *Moss Haven*, **Horten**. Extr. N. du bras du môle, port du canal, *fixe rouge*, visible des parties N. et E. du port.

64. — **Kragerœ**, avant *Stangholm*, un feu *fixe rouge*

et *bleu*, visible de 4 milles; allumé l'hiver seulement (58° 52' 10" N. et 7° 5' 40" E.).

65. — Après *Homborgsund*, **Saltholm.** Sur l'extrémité S.-E. de *Saltholm*, feu *fixe blanc* et à éclats, élevé de 14 mèt., visible de 10 milles (58° 13' 55" N. et 6° 4' 31" E.).

65. — **Lillesand.** Sur le pont de la Douane, un feu de port *fixe rouge* (58° 18' N. et 6° 3' 4" E.).

66. — **Lister.** Station de sauvetage près du phare à *Stave.*

66. — **Lille Feysteen.** Le feu est *fixe rouge*, et *blanc* vers la terre.

67. — **Skudesnæs.** Le feu est *fixe blanc.*

67. — **Fjeldö.** Le feu est *fixe blanc et rouge.*

68. — **Folgerö.** Le feu est *fixe blanc.*

68. — **Oxhämmer.** Secteur *rouge*, entre le N.-N.-E. et N. q. N.-O., par le N.

69. — Après *Leerö.* Sur le rocher **Fladö.** Feu altern. *blanc* et *rouge*, visible de 5 milles (60° 15' 50" N. et 2° 51' 6" E.).

69. — Sur le rocher **Nauet.** Feu altern. *blanc* et *rouge*, visible de 4 milles (60° 34' N. et 2° 39' 22" E.).

69. — Après *Leerö.* **Vatleström** (entrée de *Bergen*). Un feu *fixe blanc et rouge*, élevé de 6 mèt.; allumé du 15 juillet au 15 mai (60° 20' 20" N. et 2° 51' 6" E.).

69. — **Ytterö** (1). Le feu est *blanc à éclats*, élevé de 57 mèt. 5 et visible de 20 milles; en 2 min. il montre : lumière *fixe* 60. s. 3 *éclipses* de 14 s., 2 éclats de 8 s. Tour *rouge* (61° 34' 15" N. et 2° 20' 56" E.).

71. — **Alnæs.** Secteur *vert*, entre l'E.-S.-E. 1/2 S. et le S.-E. 1/2 E.

71. — **Rosholm.** Un feu de pêcheurs *fixe blanc*, y est allumé du 25 janvier au 8 avril (62° 36' N. et 3° 43' 21" E.).

71. — **Lepsörev.** Le feu flottant est supprimé.

71. — **Hellevik.** Côté N.-E. de *Lepsö*. Feu de pêcheurs, *fixe blanc et rouge*, visible de 6 milles (62° 38' N. et 3° 50' 46" E.).

71. — **Ulla.** Le feu est *fixe blanc et rouge.*

71. — **Ullahammer.** Un feu *fixe blanc et rouge* sert à guider dans le chenal dragué sur la barre d'*Ulla*, il est vi-

sible de 5 milles. Allumé du 25 janvier au 8 avril (68° 10' 25" N. et 52' 16' E.).

72. — Après *Agdanes*, **Rödbjerg.** Feu de direction élevé de 9 mèt. et visible de 4 milles, sur la pointe (63° 29' 15" N. et 7° 39' 31" E.).

73. — Avant *Halten*, **Kjeungen.** Dans une tour octogonale sur le *Kjeungskjaer* qui couvre à mer haute, *fixe, blanc et rouge*, élevé de 14 mèt., visible de 11 milles, *blanc* du N. 25° E. au N. 20° O., et du N. 3° O. au S. 70° O., et du S. 15° O. au N. 87° E.; *rouge* du N. 20° O. au N. 15° E., et du S. 70° O. au S. 15° O. Allumé du 1er août au 15 mai (63° 43' 38" N. et 7° 12' 9" E.).

73. — Après *Præstö*, **Jernholm.** Feu *fixe blanc et rouge*, visible de 3 milles; allumé du 15 août au 30 avril (65° 22' 30" N. et 9° 52' E.).

73. — Après *Buholm*, **Vivelstad.** Un feu *rouge*, visible de 6 milles, sur la principale maison de la ferme (65° 42' N. et 10° 8' E.).

74. — **Vœrö** (6). A l'angle d'une maison, sur la pointe au côté E. de *Rostnœsvaagen*, *fixe blanc*, élevé de 9 mèt. 4, visible de 8 milles; entre le S.-O. q. S. et l'E.-N.-E. par l'O. et le N. Allumé du 1er septembre au 14 avril.

74. Avant *Tranö*, **Ile Fladö.** Feu *fixe à éclats* de 30 s. en 30 sec.; élevé de 47 mèt. dans une tour peinte en gris, visible de 20 milles. Allumé du 15 août au 30 avril (67° 54' 40" N. et 15° 27' 21" E.).

75. — **Hekkingen.** La longitude de ce feu est 15° 29' 58" E.

76. — Après *Joujmoui*, **Dvina Nord** (D. 6). Flottant, peint en noir avec lisse *rouge*, il montre au grand mât un feu *rouge*, élevé de 10 mètres 3, visible de 7 milles, et au mât d'artimon un feu *blanc*, élevé de 7 mèt. 3, visible de 6 milles. Pilotes à bord.

77. — **Modlough.** 2 feux *fixes*, l'un *blanc* l'autre *rouge*.

COTES D'ÉCOSSE, D'ANGLETERRE ET D'IRLANDE

ILES ANGLAISES

79. — Après *Chanonry*, **Fort Rose.** Sur le môle *fixe rouge* sur l'extrémité des travaux.

79. — **Burghead**. Sur la côte du môle N. un feu *fixe blanc et rouge*. Sur l'angle de la jetée un feu *fixe rouge*.

80. — **Buckie**. 2 feux *fixes*.

80. — Après *Port Gardenstown*, **Rosehearty**. Sur la tête du môle E. et sur la plage, 2 feux *fixes blanc et rouge*, élevés de 5 mèt., visibles de 5 milles.

80. — **Fraserburgh**. — Ports fermés, feux éteints. Pendant la durée de la fermeture, un feu *fixe rouge* sera allumé sur la jetée N.

81. — **Montrose-Ness**. Le feu *blanc* est remplacé par un feu *blanc intermittent*; lumière 4 sec., intervalles 8 sec. et 2 sec.

82. — Avant *Port Dundee*, **Rivière Tay**. Le chenal sous le pont est indiqué par 7 feux, les 2 extrêmes *rouges*, ceux du milieu *blancs*. Il faut gouverner directement au-dessous du feu *blanc*. Le jour ils sont remplacés par des signaux ronds. 2 feux *rouges* superposés sont allumés à l'ext. N. près de la partie effondrée.

83. — **Anstruther** (port Union). 1° un feu *fixe rouge*, visible de 4 milles, à l'extrémité de la jetée E.;
2° Un feu *fixe blanc*, visible de 6 milles, à l'extrémité du brise-lames de l'O.;
3° 2 feux de direction *verts*, allumés d'août à mai.

83. — **Kircaldy**. Le deuxième feu est *fixe vert*.

83. — **Burnt Island**. Sur la jetée neuve, feu *fixe blanc*.

84. — Après *Grangemouth*, **Bo'ness**. Sur les môles, 3 feux *fixes rouges* sur le môle du milieu, *verts* sur ceux de l'E. et de l'O.

84. — Après *Inchkeith*, **Morisson Haven**. Sur la tête du môle O., feu *fixe blanc et rouge*, élevé de 5 mèt., visible de 8 milles.

84. — **Cockenzie**. Le feu est *fixe blanc*.

84. — **Port Seton**. Sur la tête du môle de l'E., feu *fixe rouge*, visible de 6 milles.

86. — Après *Blyth*, **Herd Sand**. Sur le musoir de la jetée, feu *intermittent blanc et rouge*, à éclipses, visible de 7 milles.

88. — **Slag-Wall**. Les feux de la Tees suivants sont allumés : 4° bouée, feu *fixe vert*, élevé de 7 mèt. 9; 7° bouée, *fixe*, à deux encâblures au N. 62° O. de l'ext. des *Stones*.

89. — **Winteringham**. 2 feux de direction *fixes*, sous le côté S.-E., rive S. de l'*Humber*.

89. — Après *Withernsea*, **Hornsea**. 2 feux *fixes blancs* au-dessus l'un de l'autre, sur l'extrémité de la jetée détruite.

89. — **Brough**. 2 *fixes* au lieu de 4 *fixes*.

90. — Après *Stallingborough*, **Newsham Boot**. Entre *South Killingholm Haven* et *Paull*, 2 feux *fixes* de direction pour conduire vers le N. à l'alignement des feux de Thorgumbaldclough et vers le S. à celui des feux de Killingholm.

90. — Après *Salt-End*, **Hessle**. 2 *fixes* au N. 50° E. et S. 50° O. l'un de l'autre. Leur alignement indique l'extrémité E. du chenal *Ancholme*.

90. — **Chenal Ancholme**. Sur un tas de pierre à 1 m. à l'O. de l'écluse de Ferriby, *fixe jaune ambre*.

90. — **Dowsing** (extérieur). Montre un *éclat* toutes les 30 secondes.

90. — **Lynn-Well**. Montre un *éclat* toutes les 10 sec.

91. — **Bar Flatt** (flottant) par 6 mèt. 4 d'eau au côté O. du chenal, feu *fixe blanc*, élevé de 12 mèt.

91. — **Dudgeon** (flottant), montre toutes les demi-minutes deux *éclats*, l'un *blanc*, l'autre *rouge*.

91. — **Skegness**. Sur l'extrémité du môle, 2 feux *fixes verticaux*.

92. — Après *Newarp*, **Would** (flottant). Devant l'extrémité sud de *Haisbro's Sand*, feu à révolution rapide, produisant 1 *éclat* toutes les 5 *secondes* (52° 50' 20″ N. et 0° 32' 54″ O.).

92. — **Canal Hewet**, ou **Nicholas Gat**. 2 feux : le feu sup. *fixe*, visible de 10 milles, le feu inf. à *éclats rouges* chaque 10 s., visible de 4 milles. On tire le canon quand un navire court un danger.

92. — **Lowestoft**. Le feu est *intermittent rouge* et *blanc*. Il disparaît chaque demi-minute pendant 3 sec.

93. — **Ship-Wash**. Le feu est actuellement *blanc* à *éclats* et à *éclipses*.

94. — Après *Cork*, **Wood Bridge**. Au côté O. 2 feux *fixes blancs* (57° 59′ N. et 0° 56′ 44″ O.).

94. — **Harwich**. Sur le quai *Parkerston*. 3 feux *fixes rouges* de direction.

94. — Après *Landguard*, **Claksou ou Sea**. Extrémité de la jetée, *fixe rouge*, à gaz.

94. — Avant *Sunk*, **Long Sand Head** (flottant) par 27 mèt. d'eau, à 2 milles au N. 67° E. de la bouée à cloche. Feu *blanc à éclats* (51° 47′ 40″ N. et 0° 40′ 14″ O.).

95. — **Swin Middle**. Montre un *éclat* de 30 secondes en 30 secondes au lieu d'un éclat par minute.

95. — **Sea Reach**. Les 2 feux sont *intermittents*. Celui de *Chapman* est occulté 2 fois chaque demi-minute, c'est-à-dire disparaît 3 secondes pour reparaître 3 secondes, disparaît de nouveau 3 secondes pour reparaître le reste de la demi-minute. Celui de *Mucking* est occulté une fois chaque demi-minute, c'est-à-dire disparaît une fois chaque demi-minute pendant 3 secondes pour reparaître subitement.

96. — **North Foreland**. Ce feu est *intermittent* (aussi bien le blanc que le rouge), il disparaît 5 secondes toutes les demi-minutes.

97. — **Ramsgate**. Les 2 feux *verts* sont éteints ; 2 feux *blancs* sont allumés au-dessus l'un de l'autre sur la jetée de la *Promenade*.

97. — **Goodwin-Sand**. La trompette de brouillard de *South Sand Head* donne 3 sons en succession rapide toutes les 2 min. (1ᵉʳ son *bas*, 2ᵉ son *haut*, 3ᵉ son *bas*).

99. — **Dungeness**. Le cornet de brume fait entendre 2 sons toutes les 2 minutes (1ᵉʳ son *haut*, 2ᵉ son *bas*).

99. — **Newhaven**. 1° A l'extrémité du nouveau môle ou quai : feu *fixe*, *vert rouge* et *blanc* ; 2° à la naissance du môle ou quai O. : feu *fixe vert* ; 3° à l'extrémité du large de la nouvelle jetée de l'E. : feu *fixe*, visible de 15 milles (50° 46′ 55″ et 2° 16′ 54″ O.) ; 4° à la naissance de la jetée E. : feu *fixe vert* ; 5° à l'extrémité du brise-lames en construction : 2 feux *fixes rouges*.

100. — **Owers** (flottant). Le bateau-feu a été déplacé ; il est mouillé par 29 mèt. d'eau à 6 encâblures dans l'O.-S.-O. de son ancienne position.

101. — Après *Netley*, **Hythe**. Sur le môle, 2 feux verticaux *fixes rouges*.

102. — **Yarmouth**. Sur l'extrémité de la jetée en bois de 15 mèt. de long, feu *fixe rouge*.

102. — **Needles.** Le feu est *intermittent*, avec une éclipse de 3 secondes chaque demi-minute. Cloche de brouillard.

102. — **Baie Totland.** Sur le môle, feu *fixe vert.*

102. — **Anvil.** Feu à *éclats* de 10 sec. en 10 sec., élevé de 45 mèt., visible de 18 milles (50° 35′ 30″ N. et 4° 17′44″ O.).

102. — **Bournemouth.** Sur le banc de la jetée, feu *fixe rouge* (50° 42′ 50″ N. et 4° 12′ 34″ O.).

103. — **Shambles.** Le feu est *à éclats* de 30 sec. en 30 sec. (50° 30′ 50″ N. et 4° 40′ 14″ O.).

103. — **Exmouth.** Feu *fixe*, sur le mur de bordure.

103. — **Sydmouth.** Feu *fixe*, auprès de la plage (50° 40′ 30″ N. et 5° 34′ 14′ O.).

104. — Le feu des **Casquets** est visible de 15 milles. L'appareil d'avertissement en temps de brume est une puissante trompette, 3 sons précipités de 2 sec. chacun toutes les 5 minutes.

106. — **Plymouth.** Le feu de Mount-Batten est *blanc intermittent*, intervalles de 5 sec.; élevé de 7 mèt. 3.

Le feu du brise-lames est modifié quant aux couleurs, il est *blanc, rouge, intermittent*, toutes les demi-minutes; il disparaît 3 secondes, puis reparaît brusquement. Il est *blanc* du côté du large, entre le S. 83° O. et le S. 27° O. par le N. et l'E., et *rouge* à l'intérieur du mouillage. La cloche sonne 4 fois par minute.

106. — **Eddystone.** Le feu actuel est élevé de 40 m. 5, il est *blanc*, à *double éclat* chaque demi-minute; il est visible de 18 milles. Un feu auxiliaire *fixe blanc* est allumé à 12 milles en-dessous du feu à éclats.

106. — **Falmouth.** Sur le brise-lames *Prince de Galles*, 2 feux *fixes verts.*

107. — **Longships.** Le feu est *intermittent*, paraissant *fixe*, avec *éclipse* de 3 sec. chaque minute.

108. — **Sainte-Agnès.** L'éclat a lieu de 30 sec. en 30 sec., au lieu de 1 en 1 minute.

108. — **Trevose Head.** Le feu inférieur est supprimé. Le feu supérieur est *intermittent*, donnant 3 *éclipses* par minute.

109. — **Hartland.** Le cornet de brume fait entendre 2 sons toutes les 2 minutes : premier son, *haut*; deuxième son, *bas.*

110. — **Breaksea** (flottant) est actuellement par 33 mèt. d'eau à 4 encâblures de son ancienne position.

110. — **Skerries**. Le signal de brume fait entendre 3 sons toutes les 3 minutes : deux sons *hauts* suivis d'un son *bas*.

110. — **Flatholm**. Le feu est *intermittent*. Il est occulté 2 fois en succession rapide chaque demi-minute, c'est-à-dire qu'il disparaît soudainement pendant 3 secondes pour reparaître brusquement en plein éclat 3 secondes, il disparaît de nouveau 3 secondes et reparaît en plein éclat pendant le reste de la demi-minute.

111, n° 1. — **Avon**. Le feu est *intermittent*. Il est occulté une fois chaque demi-minute, c'est-à-dire qu'il disparaît soudainement une fois chaque demi-minute pendant 3 sec. pour reparaître brusquement en plein éclat.

111. — Le feu O., élevé de 4 mèt., et le feu E., à 685 mèt. à l'E.-N.-E. du feu O., élevé de 13 mèt. 17.

— Un feu *fixe rouge*, élevé de 5 mèt. 5, sert à guider dans l'entrée de la rivière *Avon*.

111. — **Charpness Docks**. Feu *rouge*, sur le terrain élevé dans le N.-E. de la jetée, feu de marée. — Après *Avon* 2 feux *fixes verts* sur l'île *Dumball*.

114. — **Carnarvon**. Sur la tête du môle de *Gwydir*, feu *fixe rouge* et *blanc*.

115. — Le feu inférieur de **South Stack** est modifié. Il est maintenant *tournant* de 1 minute en 1 minute comme le feu supérieur et visible du N. 19° O. au S. 80° O. par l'E. Il n'est allumé que par des temps sombres et brumeux.

117. — Après *Crosby*, **Dée** (flottant). Par 15 mèt. d'eau à l'entrée de la rivière. Feu *fixe à éclats* de 10 sec. en 10 s. Gong de brume. Bateau rouge (53° 22' 3" N. et 5° 33' 20" O.).

117. — **Bateaux-feux** de **Formby** et **Liverpool**. N.-O. Cornets de brouillard, à vapeur.

118. — **Blackpool**. Le feu de la jetée du S. est allumé. Il est *fixe rouge*.

119. — **Port Piel**. En outre du feu *rouge*, il y a 6 feux de direction dans le port.

119. — **Whitehaven**. Sifflet de brume à vapeur sur la jetée O.; toutes les 1/2 minutes des sons de 5 secondes de durée.

121. — **Languess** (après (après *Douglas bay*). Sur la

pointe Langness (île de Man), feu *fixe blanc* à éclats de 5 s. en 5 sec. Elevé de 23 mèt., visible de 14 milles. Sirène de brume, sons d'une durée de 5 sec., intervalles 40 sec.

121. — **Port Saint-Mary**. Feu *fixe rouge* sur une colline au côté O. du port.

122. — **Ramsey**. 2 feux *fixes rouges*, placés verticalement sur l'extrémité du débarcadère, dans le S. de l'entrée du port.

122. — **Roches Selker** (flottant) par 19 mèt. d'eau. Feu à *éclats rouge* et *blanc* chaque 30 sec., élevé de 12 mèt. (54° 16′ 5″ N. et 5° 50′ 14′ O.).

123. — **Irvine**. Les feux sont *verts* du côté du large, *rouges* du côté du port. Leur alignement au N. 52° E. conduit sur la barre par les plus grands fonds.

123. — Après *Broomielaw*, **Largs**. Sur le quai, feu *fixe rouge* et *vert*.

125. — **Lamlash**. On a allumé un feu *fixe rouge* au-dessous du feu *fixe vert*. Il est visible aux mêmes relèvements que celui-ci.

125. — **Sanda**. Le feu est *intermittent blanc*, visible pendant 8 secondes, avec des intervalles de 16 secondes d'obscurité.

128. — **Monach**. Le feu *rouge* n'existe plus.

128. — **Barra-Head**. Le feu est maintenant *blanc intermittent*, vis. 30 sec., éclipsé pendant 30 sec.

129. — **Inistrahull** et **Inishowen**. Erratum : le 2ᵉ paragraphe de Inistrahull doit être reporté au-dessous du 1ᵉʳ paragraphe d'Inishowen.

130. — Avant *Rathlin*, **Port Rush**. Sur les môles, 2 feux *fixes blancs*.

130. — Après *Larne Lough*, **Larne Harbour**. Sur le môle *Curran*, 2 feux *fixes* de direction au S. 20° O., visibles de 4 milles. 2 feux *fixes rouges* de direction allumés sur les nouveaux wharfs, à l'O. du port.

131. — Après *Belfast*, **Mew**. Sur l'île, feu à éclats (54° 41′ 48″ N. et 7° 51′ 42′ O.).

133. — **Bull**. Ce feu est allumé, mais modifié. Ext. de la jetée de *North Bull*, à 300 mèt. au N. du phare de *Poolberg*, entrée de la rivière *Liffey*, feu *intermittent à éclats* de 10 secondes, et *éclipses* de 4 secondes. Elevé de 15 mèt.

133. — Après *Baie Skerries*. Un feu *blanc intermittent* à l'entrée de la rivière **Liffey**. Il montre 1 éclat toutes les 3 secondes et est élevé de 13 mèt.

134. — **Kish**. Le bateau-feu est par 24 mèt. d'eau. Position : 53° 19' 20" N. et 8° 15' 29" O.).

134. — **Codling** (flottant). Le gong est remplacé par une puissante trompette de brouillard donnant 3 sons toutes les 2 minutes.

134. — **Wicklow-Head**. Sur le môle du port, un feu *fixe rouge*.

134. — **Rosslare**. Sur la jetée, feu *fixe vert* et *rouge*, élevé de 9 mèt. 7, visible de 6 milles (52° 15' 20" N. et 8° 40' 4" O.). — Sur la falaise, à 1 mille du précédent, feu *fixe vert*, visible de 8 milles.

135. — La trompette de br. du feu flottant de **Coningberg** sera remplacée par une sirène donnant un son de 2 sec. 1/2, reproduit après un intervalle de 25 sec. et suivi ensuite d'un silence de 90 sec.

135. — Avant *Côte Sud d'Irlande*, **Rocher Barrels**, à 2 milles au S. du rocher Barrels, devant la pointe *Carnsore*, bateau-feu, *fixe rouge à éclats*, 2 éclats en succession rapide chaque 30 secondes, éclat 8 secondes, éclipse 22 sec. Bateau noir avec raie blanche, *Barrels Rock*, en blanc sur les côtés.

135. — **Duncannon**. Le feu supérieur est *rouge et blanc*.

135. — **Waterford**. Un feu *rouge, blanc, vert*, à *Cove*, sur la rive S. de la rivière *Suir*, élevé de 7 mèt. 6.

139. — **Braemar Point**. Le feu est *fixe rouge*, à 80 m. N. 35° O. du feu *rouge*, un feu *fixe blanc*.

FRANCE N. et O., ESPAGNE N. et S.-O.
PORTUGAL

143. — **Gravelines**. Les deux feux de marée sont : celui de l'O., *fixe vert*, celui de l'E., *fixe rouge*.

144. — **Calais**. Le feu électrique *scintillant*, avec groupes de 4 *éclats blancs*, visible de 25 milles.

144. — **Calais.** Le feu de marée est élevé de 8 mèt. 25, visible de 9 milles; si l'eau est inférieure à 2 mèt., le feu paraît *rouge* si la marée monte, et *vert* si elle descend. Lorsque l'eau est à 2 mèt. 25, le feu sera *fixe blanc;* au-dessus le feu *blanc* sera varié, à *éclats rouges* et *verts* (50° 58′ 22″ N. et 0° 29′ 45′ O.).

144. — Les 2 feux *rouges* de la jetée de l'E. sont supprimés.

144. — **Boulogne.** Sur la jetée du S.-O. un feu *fixe rouge,* à 43 mèt. en arrière des 2 feux *fixes.*

145. — **Berck.** Le feu se trouve caché par le clocher de l'hôpital dans un espace de 20′ et non pas 19° 30.

147. — **Saint-Valery-en-Caux.** Le feu de la jetée O. (feu de marée) est transféré dans une tourelle en maçonnerie. Le feu est *fixe blanc* à *éclats* de 30 sec. en 30 sec., élevé de 13 mèt. 1, visible de 16 milles. Cloche de brume (49° 52′ 28″ N. et 1° 37′ 41′ O.).

147. — **Le Hâvre.** Les approches de la jetée N. ou O. sont signalés en temps de brume par une trompette à air comprimé et non par une cloche. Depuis 3 heures avant le plein jusqu'à 4 heures après, elle donne des sons de 8 sec. de durée avec pause de 45 sec. à 50. sec.

148. — **Villequier.** Le feu est *fixe.*

149. — Le feu de l'épi **La Roque** est *fixe blanc* et non *rouge,* visible de 8 milles.

149. — **Honfleur,** n° 2. Les séries de coups de cloche sont séparées d'un intervalle de 1 minute, elles ont lieu quand il y a 2 mèt. au moins.

150. — Bateau de sauvetage à **Trouville-Deauville.**

150. — Le feu *fixe vert* de la jetée E. de *Oyestreham* (49° 17′ 8′ lat. N.).

151. — **Port-en-Bessin.** Station de sauvetage.

152. — **Saint-Vaast** (D. 5). À l'extrémité N. de l'Epi du Port, feu *fixe vert,* visible de 2 milles, élevé de 4 mèt. (49° 35′ 13″ N. et 3° 35′ 53″ O.).

152. — **Barfleur.** Par temps de brume, la cloche de l'église est sonnée à toute volée pendant une heure au moment du plein.

152. — **Cherbourg.** Bateau de sauvetage, côté O. de la digue.

153. — **Portball.** Feu *fixe* (49° 19' 48" N. et 4° 2' 41" O.).

153. — **Granville.** Sur l'extrémité de la petite jetée, feu *fixe vert* (48° 50' N. et 3° 56' 27" O.).

153. — **Mont Saint-Michel.** A 1.000 mèt. du mont, sur la rive droite du *Couesnon*, un feu *fixe vert*.

154. — Le feu de la **Pierre de Herpin** est allumé; il est alternativement *fixe blanc* et *scintillant vert*, pendant des intervalles de 30 sec., élevé de 24 mèt. 5 au sommet d'une tour en maçonnerie, visible de 16 milles (48° 43' 50" N. et 4° 9' 10" O.).

154. — **Saint-Malo.** Bateau de sauvetage.

155. — **La Balue.** Le feu est visible de 11 milles.

155. — **Cap Fréhel.** Bateau de sauvetage à *Pléherel*.

156. — Avant *Roches Douvres*, **Port de Jacut.** Sur l'extrémité du môle, *fixe*. (*Entretenu par les pêcheurs.*)

156. — **Grand Lejon.** Feu *fixe* et *scintillant* pendant des intervalles de 25 secondes, *rouge* en le relevant entre le N. 15° E. et le N. 58° E., occulté entre les relèvements du N. 10° O. au N. 77° O. Sur le reste de l'horizon le feu paraît *blanc*; il est élevé de 23 mèt. La portée du feu *blanc* et du feu *rouge* est de 12 milles, celle du feu *scintillant* de 17 milles (48° 44' 58" N. et 5° 0' 8" O.). Sonnerie mue par un appareil d'horlogerie.

156. — Après *Roches Douvres*, **Anse de Paimpol.** Sur la pointe de *Portzdon*, *scintillant blanc* et *rouge*, élevé de 10 mèt. 8, visible *blanc* de 11 milles entre le S. 83° O. et le N. 88° O., *rouge* entre le N. 88° O.; masqué ailleurs. Pour se rendre de nuit au mouillage, rester dans le secteur *blanc*. En venant du N. par le chenal de *Bréhat*, se tenir dans le secteur blanc du feu du *Paon* (le suivant) jusqu'à ce qu'on aperçoive le feu de *Portzdon*, sur lequel on fera route sans tenir compte du changement de couleur du feu du *Paon*.

156. — **Bréhat.** Le feu de la *Roche du Paon* est *fixe rouge* à secteur *blanc*, occulté dans un secteur de 45° entre le N. 12° O. et le N. 33° E., il paraît *blanc* du N. 33° E. au N. 78° E., il est *rouge* sur le reste de l'horizon.

158. — Après *île de Bas*, **Roscoff.** Feu *fixe blanc* sur le musoir du môle du port, élevé de 7 mèt., visible de 8 milles (48° 43' 30" N. et 6° 18' 58" O.). Au fond du port, un feu *fixe rouge*.

159. — **Corsen** (après le *Four*) contre le mur du Sémaphore, *fixe blanc*, visible dans un secteur de 8° entre la Vinotière et la Basse des Renards (48° 24' 53" N. et 7° 7' 56" O.).

160. — **Conquet**. Cloche de brouillard, 14 coups de *seconde* en *seconde*, repos de 6 secondes, coup double, nouveau repos de 6 *secondes*.

160. — **Pierres Noires**. Le feu est sur la *grande roche* des *Pierres Noires*, et non sur le *Diamant*. La position géographique est la même.

160. — **Brest** (D. 5). Feu *fixe rouge* sur le musoir de la jetée S., visible de de 6 milles. Cloche de brouillard.

Au côté O. de l'entrée de la *Penfeld*, sur la batterie du *Fer-à-Cheval*, feu *fixe vert*.

160. — **Camaret**. Sur le musoir du môle du sillon, feu *fixe vert*, élevé de 10 mèt. 6, visible de 5 milles (48° 16' 55" N. et 6° 55' 42" O.).

160. — **Baie de Douarnenez** (D. 5). Sur la pointe *Millier*, feu *fixe blanc*, secteur *rouge*, élevé de 34 mèt., il est visible entre le N. 86° 30' E. et le S. 73° 30' O., masqué sur le *Bouc* et le cap de la *Chèvre*; portées 14 et 9 milles (48° 5' 57" N. et 6° 48' 15" O.).

161. — **Chaussée de Sein** (D. 1). Sur le rocher *Armen*, à 2 milles en dedans de la *Chaussée*, un feu *fixe blanc*, élevé de 28 mèt., visible de 20 milles. Trompette à vapeur (48° 3' 3" N. et 7° 20' 9" O.).

163. — **Pont-Aven**. Position : 47° 48' 0" N. et 6° 4' 39" O.).

164. — **Port Haliguen**. Station de sauvetage.

165. — **Sauzon**. Station de sauvetage.

165. — **Grands Cardinaux**. Position : 47° 19' 18" N. et 5° 10' 22" O.).

165. — **Penlan**. Le feu est transféré dans une tour carrée, à 4 mèt. de son ancienne position; le feu est *fixe blanc et rouge*, élevé de 20 mèt. 8, visible de 13 milles.

165. — A l'embouchure de la *Vilaine*, 2 feux : le 1er *fixe blanc*, sur une tour carrée, sur la pointe du *Scal*, élevé de 7 mèt., visible de 7 milles (47° 29' 42" N. et 4° 47' 4" O.);

Le 2e *fixe rouge*, sur une tour carrée située à 439 mèt. au S. 68° E. de la précédente près de *Tréhiguier*, élevé de 20 mèt. 75, visible de 9 milles (47° 29' 36" N. et 4° 46' 44" O.).

165. — **Merquel** (*en projet*), *fixe rouge.*

165. — **La Turballe.** Près de la maison-abri du canot de sauvetage, feu *fixe blanc*, élevé de 8 mèt., visible de 8 milles (47° 20' 53" N. et 4° 50' 59" O.).

165. — **Saint-Nazaire.** Le feu sur le musoir du môle est *clignotant blanc à éclipses* de 4 sec. en 4 sec., visible de 9 milles.

165. — **Donges.** Le feu est supprimé.

168. — **Fromentine** (Goulet de). 2 feux de direction *fixes blancs*, visibles de 10 et de 5 milles; élevé de 6 mèt. Feu d'amont (46° 53' 29" N. et 4° 28' 25" O.). Ces feux indiquent la route à suivre pour l'entrée du goulet.

168. — **Port-Breton.** Bateau de sauvetage.

168. — **Saint-Gilles-sur-Vie.** Le feu *fixe rouge* est supprimé et remplacé par un réverbère à feu *fixe blanc*. La direction pour entrer dans le port est signalée par 2 feux : 1° celui d'aval *fixe rouge*, sur une tourelle près du quai de *Croix-de-Vie*, est élevé de 6 mèt. 75 et visible de 9 milles ; 2° celui d'amont est *fixe rouge*, sur une tour carrée, à 260 mèt. au N. 39° E. du premier. Il est élevé de 23 mèt. et visible de 9 milles.

169. — **Baleines.** Le feu est remplacé par un phare électrique ; il est, comme l'ancien feu, *tournant à éclipses* de 30 sec. en 30 sec., élevé de 28 mèt., visible de 16 milles.

171. — **Palmyre.** Éclairage électrique, visible de 20 milles.

174. — **Ferret.** Bateau de sauvetage.

175. — **Higuero** ou **Figuier.** Feu *fixe rouge* à éclipses alternatives de 10 et de 50 sec., élevé de 60 mèt., visible de 20 milles en le relevant entre le N. 8° O. et le N. 78° E. par le S. Tour gris clair (43° 23' 50" N. et 4° 8' 1" O.).

175. — **Passages.** Sur le magasin de secours en dedans du canal, *fixe rouge*. Il n'est pas visible du large (*provisoire*).

176. — **Zumaya.** Le feu rallumé est *fixe vert et blanc* sur le mont *Malaya*, élevé de 41 mèt., visible de 10 milles (43° 18' 40" N. et 4° 35' 26" O.).

176. — **Machichaco.** Le feu est à *éclats* de 3 min. en 3 min., et non de 4 en 4 min. comme l'indiquent les documents officiels.

176. — Portugalète (après *Bilbao*). Un feu *fixe vert* provisoire, élevé de 9 mèt. et visible de 2 milles, est allumé à l'extrémité de la charpente en fer qui prolonge le môle.

177. — Santander. A l'extrémité du môle de la *Manja*, 2 feux *fixes rouges*.

177. — Llanes. Le feu est *fixe vert*.

178. — Tapia. Position : 43° 35′ 40″ N. et 9° 18′ 43″ O.).

179. — Pancha. Le feu est *fixe rouge*.

178. — Conejera. Le feu est *fixe vert*.

181. — Ciès. Le feu est à l'extrémité S.-O. de l'île Faro ou *Ciès* du milieu.

181. — Vianna de Castello. Position : 41° 41′ 15″ N. et 11° 13′ 49″ O.).

181. — Montedor. A l'embouchure de la rivière *Lima*. Feu à *éclats blancs*, élevé de 14 mèt., visible de 25 milles.

181. — Espozende. Position : 41° 32′ 36″ N. et 11° 10′ 53″ O.

181. — Pavoa-de-Varzim. Position : 41° 22′ 0″ N. et 11° 9′ 37″ O.

181. — Oporto. Position : 41° 9′ 9″ N. et 11° 4′ 7″ O.

182. — Cap Mondego. Position : 40° 10′ 59″ N. et 11° 17′ 44″ O.

182. — Berlinga. Position : 39° 24′ 56″ N. et 11° 53′ 53″ O.

182. — Corvoiro. Position : 39° 21′ 32″ N. et 11° 47′ 57″ O.

182. — Roca. Position : 38° 46′ 40″ N. et 11° 53′ 8″ O.

182. — Guia. Position : 38° 41′ 38″ N. et 11° 50′ 28″ O.

182. — Cascaes. Position : 38° 41′ 10″ N. et 11° 48′ 28″ O.

182. — Saint-Julien. Position : 38° 40′ 15″ N. et 11° 42′ 28″ O.

182. — Bugio. Ce feu est visible de 10 milles. Position : 38° 39′ 40″ N. et 11° 40′ 3″ O.

182. — Belem. Position : 38° 41′ 15″ N. et 11° 36′ 30″ O.

182. — Alto de Caxias. Position : 38° 41′ 59″ N. et 11° 39′ 34″ O.

183. — Spichel. Position : 38° 25′ N. et 11° 35′ 43″ O.

183. — **Setuval**. Position : 38° 29' 15" N. et 11° 19' 28" O.

183. — **Cap Sinès**. Sur ce cap, *fixe*, élevé de 45 mèt., visible de 25 milles (37° 57' 29" N. et 11° 16' 21" O.).

183. — **Saint-Vincent**. Position : 37° 1' 20" N. et 11° 23' 9" O.

183. — **Sainte-Marie**. Position : 36° 58' 24" N. et 10° 15' 18" O.

Après *Sainte-Marie*, **Medo alto**, sur la rive droite de la *Guadiana*, élevé de 17 mèt. Il ne sert qu'en dedans de la barre.

183. — **Ayamonte**. Position : 37° 11' 24" N. et 9° 50' 4" O.

183. — **Ile Christian** ou **Higuerita**. 2 feux *fixes verts*, visibles de 4 à 5 milles; tenus l'un par l'autre, ils servent à franchir la barre (37° 11' 6" N. et 9° 46' 13" O.).

183. — **Cartaya**. Position : 37° 12' 48" N. et 9° 33' 30" O.

184. — **Huelva**. Position : 37° 8' 9" N. et 9° 16' 0" O.

184. — **Puerto Real**, après *San-Lucar*, en projet.

184. — **Puerto da Santa Maria**. Ces deux feux sont sur la rive gauche du *Guadalete*.

184. — **Cadix**. Sur les roches de *Las Puercas*, feu *tournant à éclipses* de 30 en 30 sec. (provisoire), visible de 5 milles.

MÉDITERRANÉE

185. — **Gibraltar**. Le feu *fixe rouge* montre un secteur *blanc* visible du côté de terre, quand on le relève entre le S. 27° O. et le N. 63° O.

De nouveaux documents, parus récemment en Espagne, modifient la position géographique des feux suivants, de la côte méridionale de la péninsule :

185. — Pointe Doncella	36°	24'	50"	N.	7°	29'	20" O.
186. — Marbella	36	30	12		7	13	28
Pointe Calaburra	36	30	12		6	58	18
Malaga	36	42	39		6	44	51
Velez Malaga	36	43	18		6	27	15
Port de Torrox	36	43	21		6	17	26
Pointe Sabinal	36	40	50		5	2	8

187. — Roquetas   36 45   0 N. 4 56 30 O.
     Port Alméria   36 49 45   4 49 36
     Cap de Gate   36 48   0   4 31 23
     Mesa de Roldan   36 56 28   4 14 25
     Port d'Aguilas   37 23 50   3 54 48
     Port Almazarron   37 33 28   3 35 25
     Cap Tinoso   37 31 51   3 26 39
     Carthagène 1er   37 34 46   3 19 11
            —   2e   37 34 54   3 19   3

187. — **Villaricos**. Supprimé, remplacé par le suivant.

187. — **Port Aguilas**. Un feu *rouge*, élevé de 8 mèt. sur un poteau, à l'extrémité de la jetée (37° 23' 24" N. et 3° 57' 23' E.).

Garrucha. Feu *fixe blanc* (provisoire) 37° 10' N. et 4°8' O.

188. — Port de Porman   37° 34' 38" N, 3° 10' 33" O.
     Cap de Palos   37 37 54   3   1 22
     Grande Fourmi   37 39   9   2 59 55
     Rade de Estacio   37 44 33   3   3 33

188. — **Carthagène**. Un feu *fixe vert*, provisoire, vis. de 2 milles 1/2, sur l'ext. de la digue de *Curra*.

188. — **Ile Plane**. Les éclats sont *blancs*.

188. — **Santa Pola**. Dans le port, à l'extrémité de la jetée, un feu *fixe vert*, élevé de 8 mèt., visible de 2 milles (38° 11' N. et 2° 56' 56" O.).

189. — **Grao de Valence**. Le feu placé sur le wagon mobile n'est pas le *fixe vert*, mais bien le *fixe rouge* de l'ext. du prolongement. Il est visible de 9 milles.

190. — **Grao de Burlana**. Déplacé et porté à 245 mèt. au N.-E. de l'ancien feu (39° 53' 28" N. et 2° 24' 18" O.).

191. — **Rivière Llobregat**. Le feu est *tournant* à *éclats* de 30 sec. en 80 sec.

191. — **Port de Villanueva**. Il est visible du N. 72° E, à l'O. par le N. Sa longitude est 0° 42' 33" O.).

192. — **Barcelone**. 2 feux *fixes verts*, un sur la tête du môle intérieur de *Barcelone*; l'autre sur la tête du môle intérieur de la *Capitania*.

193. — **Cap de Creux**. Le feu est *fixe à éclats* de 3 m. en 3 min.

193. — Après *Botafoch*, **Ivice**. Feu *fixe vert et blanc* sur la pointe E. du village à la *Consigna*.

194. — Port de Palma. Les 2 feux *fixes* sont provisoires. Le *rouge*, du sommet de l'enrochement, sera porté en dehors à mesure que les travaux avanceront; le *vert* est à l'extrémité de l'enrochement.

196. — Après *Port Vendres*, **Barcarès** (port Saint-Laurent), un feu *rouge*, élevé de 7 mèt. 5, en avant des maisons du village de *Barcarès*; visible de 5 milles (42° 47′ 48″ N. et 0° 41° 58″ E.).

196. — La Nouvelle. Feu *fixe*, sur le musoir de la jetée S. prolongée, élevé de 15 mèt. 4, visible de 14 milles (43° 0′ 47″ N. et 0° 43′ 53″ E.).

— Sur le musoir de la jetée du N., feu *fixe vert*, élevé de 10 mèt., visible de 4 milles (43° 0′ 52″ N. et 0° 43′ 54″ E.).

197. — Cette. Sur l'emplacement de l'ancienne batterie de la *Verrerie*, un feu *clignotant* à *éclipses* de 4 sec. en 4 sec., *blanc* et *rouge*, élevé de 20 mèt., visible : le feu *blanc* 12 milles, le feu *rouge* 7 milles (43° 24′ 37″ N. et 1°. 22′ 28″ E.).

— Le feu du musoir N.-E., qui est *rouge*, se voit *blanc* du côté de la terre.

— Un feu *provisoire rouge* indique l'état d'avancement de travaux de môle de l'O., un feu *vert* est allumé sur le môle de l'E.

198. — Sur la pointe du **Pharo**, un feu *fixe vert*, visible de 8 milles, élevé de 12 mèt. 83 (43° 17′ 42″ N. et 3° 1′ 3″ E.).

199. — Nouveaux ports de Marseille. Les éclats du feu *blanc* du cap Janet sont *rouges et verts*, il est visible du S. 59° E. au N. 25° E.; il est à éclats *verts* entre le N. 39° E. et le N. 25° E.

Les 2 feux *rouges* verticaux du § 3 sont sur la pointe N.-O. du môle au S. de la traverse de la Pinède, et les 2 autres feux *rouges verticaux* sont allumés.

199. — Planier (électrique), *scintillant* 3 *éclats blancs* et 1 *éclat rouge*, élevé de 63 mèt., visible de 21 milles.

200. — Avant *La Ciotat*, **Cassis**. On a établi un 2° feu *fixe rouge*, à 19 mèt. en dedans de l'ext. du môle neuf. Il est élevé de 9 mèt. 5, et visible de 5 milles.

Toulon, n° 5. Le bateau-feu du banc de *l'Ane* porte 2 *fixes verts horizontaux*.

201. — La Rode. Le feu est *fixe rouge*.

201. — **Grand Ribaud**. La longitude du feu est de 3°
48' 24" E.

202. — **Villefranche**. Le feu du cap *Ferrat* est tour-
nant de 30 sec. en 30 sec.

203. — Après *Port Saint-Jean*, **Monaco**. Feu *fixe rouge*
près de l'ancien appontement de la *Quarantaine*, élevé de
20 mèt.

204. — **Propriano**. Position : 41° 40' 45" N. et 6° 33' 35" E.).

205. — **Porto Vecchio**. On a ajouté au feu de la pointe
Chiappa un *secteur rouge* du S. 3° O. au S. 17° O. 14° signalant l'écueil de *Pecorella*.

— En outre, sur la pointe *Giovan lungo*, côté N. de l'entrée du golfe, on a allumé un feu *fixe blanc* à *secteurs
rouges*, élevé de 24 mèt. Visible *blanc* de 10 milles, du S.
40° O. au N. 84° E. par le N., et *rouge* de 6 milles : 1° du N.
83° O. au N. 65° O. couvrant la *Pecorella*; 2° du N. 72° E.
au N. 84° E. sur le banc *Benedetto*.

206. — **Porto Torres**. Feu de direction *fixe rouge*, sur
le quai S. sur une fontaine peinte en bandes *blanches* et
grises; élevé de 5 mèt., visible de 3 milles.

207. — Après *Cap di Ferro*, **Terranuova**. Dans le port,
sur l'îlot *Bianca*, feu *fixe vert*, élevé de 6 mèt. et visible de
5 milles (40° 55' 22" N. et 7° 10' 52" E.).

207. — **Ile Rossa** (rivière *Temo*). Sur la tour de l'île, un
feu *fixe rouge* (provisoire).

207. — **Cap Sandalo, île San Piétro**. Le feu fonc-
tionne régulièrement.

207. — **Port San Remo**. Feu *blanc*. Position : 43° 48'
51" N. et 5° 26' 42" E

207. — **Port Maurizio**. Feu *blanc*. Position : 43° 52'
40" N. et 5° 41' 15" E.

208. — **Oneglia**. Feu *blanc*. Position : 43° 53' 3" N. et 5°
42' 21" E.

208. — **Gênes**. Sur la batterie *della Scuola*, un feu *blanc*
à *éclats* de 15 sec. en 15 sec., élevé de 28 mèt. et visible de
10 milles (44° 23' 50" N. et 6° 35' 58" E.).

— Les feux du môle *Neuf* sont remplacés par un feu
rouge, visible de 5 milles.

— Le feu tournant du môle *Vieux* est remplacé par un
feu *vert*, visible de 5 milles.

208. — Spezzia. Le bateau-feu mouillé près de l'extrémité E. de la digue du golfe de la Spezzia est supprimé. Les feux sont établis sur la digue : le supérieur *vert*, élevé de 13 mèt. 4, visible de 3 milles, l'inférieur *rouge*, élevé de 12 mèt., visible de 5 milles (44° 4′ 47″ N. et 7° 32′ 28″ E.).

211. — Rio, Vignera et Pero. Ces feux fonctionnent, ils sont entretenus par l'administration des mines et fonderies.

212. — Giglio. Sur la pointe *Fenaio*, extrémité N. de l'île, un feu *fixe blanc à éclats*.

— Sur la pointe *del Capel Rosso*, extrémité S. de l'île, un feu *blanc à éclats* de 1 min. en 1 min. Le feu de *Vacchereccie* est éteint.

212. — Montecristo. La longitude est 7° 43′ 27″ E.

212. — Ile Gianutri. Sur la pointe *Capel Rosso*, un feu *fixe blanc à éclats* de 5 sec. en 5 sec. L'ancien feu est éteint.

213. — Après *Gaëte*, Zannone. Feu *fixe blanc à éclats* de 5 sec. en 5 sec., sur la pointe *Capo Negro* (projeté).

213. — Ile Ponza. Les éclats ont lieu de 30 sec. en 30 sec.

214. — Gaiola (après *Nisida*). Sur la roche *Gaiola*, un feu *fixe blanc*, élevé de 9 mèt. 6, visible de 4 milles.

214. — Naples. A la place du feu *vert* de *San Gennaro*, 2 feux horizontaux, l'un *blanc*, l'autre *vert* (provisoires).

215. — Cap Orso (D. 5). Le feu rétabli est *fixe à éclats* de 20 sec. en 20 sec., durée de l'éclat 6 sec., élevé de 66 mèt. 7, visible : feu *fixe* 13 milles, éclat 20 milles.

215. — Après *Vietri*, Salerne. Un feu de 6e ordre doit être allumé sur la tête du nouveau môle E., après l'achèvement des travaux.

215. — Après pointe *Infreschi*, pointe Scario (golfe de *Policastro*). Un feu *blanc à éclat rouge* toutes les 20 s., élevé de 24 mèt. 7, visible de 12 milles (40° 3′ 25″ N. et 13° 9′ 10″ E.).

215. — Santa Venere. Le feu flottant est retiré. A l'extrémité N.-E. de la digue du port, un feu *fixe rouge*, élevé de 10 mèt.

216. — Avant *Reggio*, Pezzo. Sur la pointe, un feu *fixe blanc*, élevé de 21 mèt., visible de 15 milles (38° 13′ 46″ N. et 13° 18′ 8″ E.).

216. — Pointe Mazzone. Un feu *fixe vert* sur la pointe située à 2 mèt. à l'O. de la pointe *Peloro* pour signaler l'atterrissement du câble allant de *Bagnara* à la côte de *Sicile*, visible à 1 mille. Défense de mouiller dans le voisinage (38° 16' 9" N. et 13° 18' 5" E.).

216. — Les feux de **Santa Agata** et de **La Pace** sont éteints.

218. — **Pozallo.** Le feu *rouge* est allumé sur la maison de la Douane, quand le paquebot doit arriver.

218. — **Port de Licata.** A l'origine de la nouvelle jetée de *Licata*, *fixe rouge*, secteur *blanc*, quand on le relève entre N. 9° 30' et le N. 44° E. Sur un candélabre en fer, élevé de 9 mèt. 7, visible de 9 milles (37° 5' 40" N. et 11° 36' E.).

218. — **Empédocle.** On a allumé sur la jetée O., en construction, un feu *fixe*, visible de 4 milles, qui sera déplacé à mesure que les travaux avanceront.

219. — **Marsala.** A l'extrémité du môle, un fanal *rouge*, visible de 4 milles.

219. — **Trapani.** Feu *fixe vert* sur l'extr. de l'enrochement de *Ronciglio*.

219. — **Palumbo.** Le feu *vert* est remplacé par un feu *fixe blanc*, visible de 12 milles, quand on le relève entre le S. 54° E. et le S. 86° E., élevé de 16 mèt. 7; la tour est ronde et peinte en *blanc*.

220. — Après *Palerme*, **Zaffarano.** Feu *fixe rouge*, visible de 11 milles, dans une tour octogonale *blanche* (doit être allumé prochainement).

221. — **La Valette.** Dans le port intérieur 2 feux : l'un *fixe vert*, l'autre *fixe rouge*.

221. — **Pantellaria.** Sur la pointe *San Leonardo*, un feu *fixe rouge*, élevé de 12 mèt. et visible de 3 milles (36° 50' 5" N. et 9° 36' 19" E.).

221. — **Cap Spartivento.** Supprimer : *éclipses* 52 secondes.

221. — **Catanzaro.** Sur la *Marina*, un feu *fixe rouge*, visible de 3 milles, élevé de 16 mèt., n'est allumé qu'à l'arrivée du paquebot.

222. — **Cap Gallo.** Le feu est *fixe à éclats* de 30 sec. en 30 sec.

223. — Bari. Le feu *vert* de la plage est éteint. Le feu *fixe rouge* est maintenant sur une tour, à l'extrémité même de la digue, il est élevé de 5 mèt. et visible de 10 milles.
— La bouée de l'extrémité de la digue est supprimée.

223. — Ile Pelagossa. Position : 42° 23' 30" N. et 13° 54' 58' E.

224. — Pesaro. Sur le môle E., un feu *fixe blanc*, élevé de 14 mèt. 4, et visible de 10 milles.

225. — Cattolica. Le feu est élevé de 8 mèt. 7.

225. — Cervia. Le feu est allumé.

226. — Après *Piave-Vecchia*, Porto Buso (Frioul). Un feu *fixe blanc* et *rouge*, sur un poteau à l'ext. de l'appontement, visible de 3 milles.

226. — Grado. Les feux *fixes blancs verticaux* sont allumés, ainsi que ceux de **Porto Primiero**.
On ne doit pas voir à la fois ces deux groupes de feux pour parer le banc *Mula di Muggia*. Naviguer de manière à ne voir que ceux de *Grado* seuls, ou ceux de *Primiero* seuls.

226. — Trieste. 2 feux *fixes blancs et verts*, élevés de 5 mèt. sur chacun des angles du môle du N.

228. — Rovigno. Sur la pointe *Santa Eufemia*, un feu *rouge*, élevé de 13 mèt.
— Le feu de la digue est actuellement *vert* du côté du large au lieu de *rouge*.

228. — Après *île Porer*. Un feu *vert*, *rouge* et *blanc* près du phare de l'île *Porer*, élevé de 11 mèt. 9, vis. de 4 milles. Il signale la *Secca Preicolosa* (*Sèche dangereuse*).

229. — Pointe Merlera. Le feu allumé est *fixe rouge*, élevé de 21 mèt., visible de 12 milles.

230. — Après *Fiumara*, Buccari (D. 6). Feu *fixe rouge*, élevé de 4 mèt., sur la digue de la direction du port (45° 18' 20" N. et 12° 12' 2" E.).

230. — Portore. 2 feux de port, l'un *fixe rouge*, l'autre *fixe vert*, élevés de 4 mèt. et visibles de 1 mille sur l'appontement.

231. — Après *Pointe Cricin*, Verbénico. Sur l'extrémité de l'enrochement, *fixe*, allumé quand on attend le paquebot.

231. — Port de Selze, n° 2. La position du feu de la pointe *Selze* est 45° 9' 12" N. et 12° 22' 58" E.

231. — **Port de Segna**. Dans le port, 2 feux *fixes verts*, sur la tête de la digue du milieu, élevés de 4 mèt. 6, visibles de 1 mille (44° 59' 25" N, et 12° 33' 42" E.).

232. — **Ile Sansego** (D. 4). Un feu *scintillant, blanc*, dans une tour en bois hexagonale; élevé de 104 mèt. et visible de 20 milles, sur le sommet du mont *Garbe* (44° 30' 56" N. et 11° 57' 46" E.).

232. — **Ile Puntadura** (D.). 2 feux *fixes blancs* superposés et visibles de 9 milles, sur la pointe O. de l'île *Puntadura*.

232. — Après *Pointe San Antonio*, **Selve**. Un feu *fixe rouge* élevé de 3 mèt. 2 et visible de 2 milles, établi sur la jetée du port. Feu de pêcheurs (44° 22' 35" N. et 12° 21' 52" E.).

232. — Avant *Grossa*, **Port Lucina** (*île Meleda*). Dans le S.-E. de *Port Lucina*, un feu *fixe blanc*, élevé de 9 mèt. et visible de 8 milles, sert à parer les rochers *Bacili* et la pointe *Bonaster*.

233. — Après *Port Rogosnizza*, **Traù**. Sur le pont joignant l'île à la terre ferme, *fixe rouge*.

234. — **Port Spalato**. Le feu est élevé de 10 mèt. 6; il est *fixe blanc* pendant 30 sec. et *scintillant* pendant 30 sec., sauf dans un secteur de 38°, où il paraît *rouge*.

234. — **Port Milna**. Le feu allumé est *fixe blanc*, avec secteur *vert*.

234. — **Port San Piétro della Brazza**. Position : 43° 33' 12" N. et 14° 13' 10" E.

234. — **Postire** (*île Brazza*), à l'extrémité de la digue du port, un feu *fixe blanc*, élevé de 4 mèt. 7, visible de 5 milles.

234. — Après *Almissa*, **San Giovanni** (*île Brazza*). Feu de port *fixe rouge*, sur l'angle S.-O. de la jetée en pierres du port, élevé de 5 mèt. 6; visible de 3 milles.

234. — Feux en construction à *Olivetto* (*île Solta*) et à *Povie* (*île Brazza*).

234. — Après *Postire*, **Pucicie** (*île Brazza*). Feu *fixe rouge* sur la pointe *San Nicholo* à l'O. de l'entrée du port, élevé de 7 mèt. 2, visible de 3 milles.

234. — **San Martino della Brazza**. Sur la pointe S.-E., feu *fixe blanc*, élevé de 7 mèt. 2, visible de 5 milles (43° 17' N. et 14° 32' E.).

234. — **Bol** (*île Brazza*). Feu *fixe rouge*, élevé de 4 m. 9, visible de 3 milles, à l'extrémité de la grande digue du port.

234. — Après *Gelsa*, **Cittavecchia**. Un feu *fixe vert* sur la pointe *Fortino*, élevé de 8 mèt., visible de 5 milles (43° 11' 6" N. et 14° 15' 4" E.).

234. — **Pointe San Giorgio**. A l'extrémité de la digue du port, un feu *fixe blanc*, élevé de 4 mèt. 5, visible de 3 milles.

235. — Après *Gomena*. Un feu est établi sur la colonne en pierre à l'extrémité de la digue de **Gradaz** (canal de la *Narenta*).

235. — **La Narenta**. Sur la pointe *Bat*. Feu *fixe blanc* à secteurs *rouges*, élevé de 8 mèt. 3, visible de 3 milles (43° 2' 45" N. et 15° 5' 10" E.).

235. — **Port de Klek**. Sur l'îlot *Montecucoli*. Feu *fixe rouge*, élevé de 8 mèt., visible de 3 milles (42° 56' 20" N. et 15° 13' 30" E.).

235. — **Port Orébie**. Le feu est *fixe rouge*.

236. — Après *Palamonta*, **Brozze**. Sur le môle, *fixe rouge*.

236. — **Stagno-Grande**. Sur le môle, *fixe rouge*.

236. — **Baie de Cattaro**. Le feu sur le rocher *Rondoni* est allumé. Il est *fixe rouge*.

236. — **Port Slano**. Le feu est *fixe blanc*.

236. — **Raguse**. Le feu de la digue de *Porto-Molo* est *fixe rouge*.

236. — **Rondoni**. Sur le fort *Mamula*, *fixe rouge*, élevé de 34 mèt., visible de 4 milles (42° 23' 40" N. et 16° 13' 30" E.).

237. — **Risano**. Le feu est allumé tous les soirs et régulièrement entretenu.

237. — **San Nicolo di Budua**. Feu *fixe blanc* provisoire, à l'extrémité de la pointe S.-E., élevé de 20 milles, visible de 8 milles.

237. — **Budua**. *Fixe rouge* au lieu de fixe blanc.

237. — **Pointe Samana**. Les feux sont allumés.

239. — **Krionero**. Visible de 15 milles au lieu de 8 à 9 milles.

239. — Zante. Il n'y a qu'un seul feu *rouge* au bout de la jetée.

241. — Hydra. Le feu allumé est *blanc* à *éclats* de 2 m. en 2 min., élevé de 36 mèt., visible de 17 milles (37° 21' 47" N. et 21° 14' 50" E.).

241. — Cap Plaka. Un feu *fixe blanc* est allumé, élevé de 11 milles, visible de 8 milles (37° 45' 40" N. et 21° 5' 10" E.).

241. — Egine. Le feu est *rouge* dans toutes les directions.

241. — Le Pirée. Le feu *vert* est installé sur une colonne à l'extrémité du môle S. de l'entrée. Il est élevé de 8 mèt. (37° 56' 5') N. et 21° 18' E.).

242. — Après *Syra*, **Port Korpho** (*île Mykoni*). Un feu *fixe rouge* à l'extrémité du môle du port, élevé de 7 mèt., visible de 4 milles (37° 26' 6" N. et 23° 0' E.).

242. — Après *Ios*, **Port Vathy** (*île Amorgo*). Un feu *fixe rouge* à 85 mèt. de la pointe du cap Elie, pointe gauche de l'entrée du port, élevé de 66 mèt., visible de 6 milles.

242. — Bourgi. Le feu est *fixe rouge*.

242. — Ios. Feu irrégulièrement entretenu.

242. — Après canal d'*Euripo*, **Chalcis.** Sur la pointe en face de *Bourgi*, feu *fixe rouge*, élevé de 9 mèt., visible de 9 milles (38° 24' 18" N. et 21° 18' 11" E.).

243. — Golfe de Salonique, n° 4. Les 2 feux *fixes rouges* sont allumés.

— Un autre feu est allumé sur l'un des ponts d'accostage, *fixe rouge* (40° 38' N. et 20° 36' 30" E.).

243. — Vardar. Le bateau-feu est en dedans de l'extrémité du banc Vardar.

243. — Port de Dédéagh, n° 2. Le feu tournant de 30 sec. en 30 sec. est allumé. Il est par 40° 49' N. et 23° 35' 15" E.

243. — Gadaro (*Syra*). *Fixe blanc* à éclat de 2 min. en 2 min. au lieu de tournant de 1 min. en 1 min. : fixe 87 sec.; éclipse 13 sec., éclat 7 sec., éclipse 13 sec.

243. — Wathi (*île Amorgo*). Feu *fixe* en construction.

243. — Mitylène, n°s 4 et 5. Les feux des deux môles du port S. de *Mitylène* sont *rouges* tous les deux.

244. — **Baie de Smyrne**. Le bateau-feu *Pélican* porte maintenant 2 feux *fixes blancs* superposés, visibles de 10 milles.

— Le bateau-feu *Sandjak* porte maintenant 2 feux *fixes blancs* (au lieu des feux verts), visibles de 10 milles.

244. — **Port de Smyrne**. Les 2 feux sont *rouges*; celui de l'E. est *vert* quand le paquebot entre dans la passe.

245. — **Spalmadore**. Le feu est visible du N. 28° E. au S. 40° E.

245. — **Golfe de Vathi**. Ce feu est visible de 16 milles par 37° 47' 17" N. et 24° 38' 23" E.

Entre *Golfe de Vathi* et *Port Tigani* ajouter :

Katchouny. Sur l'extrémité du môle, près de la pointe, *fixe rouge* vers le large, *blanc* vers le port (37° 45' 37" N. et 24° 39' 26" E.).

245. — **Port de Tigani**. Ce feu, sur la pointe *Glykora*, est visible de 10 milles. Il est par 37° 41' 24" N. et 24° 38' 28" E.

245. — Le feu vert de la **Pointe Hussein** est remplacé par un feu *blanc*, visible de 10 milles.

245. — **Boudroum**. Les deux feux *verticaux*, *fixes blancs* sont allumés (37° 2' N. et 25° 6' 50" E.).

246. — **Cap Sidero**. *Tournant à éclat* de 1 min. en 1 min., allumé (35° 19' N. et 23° 59' 30" E.).

246. — **Aghios Joannis**. 2 feux *blancs verticaux*, allumés (35° 20' 12" N. et 23° 26' 45" E.).

246. — **Gavdo**. Feu *tournant à éclat* de 1 min. en 1 min. allumé (39° 49' 40" N. et 21° 43' 15" E.).

247. — **Ngara Kaleh-si**. Le feu est *rouge*, *tournant* de 15 sec. en 15 sec., visible de 12 milles.

248. — **Gallipoli**. Le feu est *tournant* de 1 m. en 1 m. Les éclipses sont totales.

249. — **Fener Bakché**. Position : 40° 57' 54" N. et 26° 41' 56" E.

250. — **Anatoli Fener**. Long. E. : 26° 48' 51".

251. — **Baffra Bournou**. Allumés, le feu supérieur élevé de 15 mèt. (41° 44' N. et 33° 3' 45" E.).

251. — **Tchiva Bournou**. Allumés, le feu supérieur élevé de 15 mèt. (41° 20' 40" N. et 34° 18' 8" E.).

251. — Vona Bournou. Un feu *fixe blanc* élevé de 40 mèt., visible de 12 milles (41° 8' N. et 35° 28' E.).

251. — Emoneh Bournou. Le feu est *scintillant* de 10 sec. en 10 séc., élevé de 63 mèt., visible de 20 milles (42° 12' 30" N. et 25° 36' 30" E.).

251. — Après *Cap Kouri*, sur le sommet de l'île, **Mégalo Nisi,** près de *Sizopoli*. Un feu *fixe*, élevé de 40 mèt., visible de 15 milles (42° 27' N. et 25° 22' 15" E.).

252. — Dniester. L'embouchure du *Liman* n'est plus signalée par les 2 balises-feux, il n'y a plus qu'un feu *fixe blanc*, hissé au mât du poste des pilotes.

253. — Odessa. A l'extrémité E. du brise-lames *Voront-zov*, 3 *fixes rouges* en diagonale.

— A l'extrémité S.-E. du brise-lames détaché, en construction, 2 *fixes verts*.

— Le feu du môle *Richelieu* est visible du N. 57° O. au N. 33° E.

— N° 7. Le passage entre le brise-lames et les 2 *verticaux fixes blancs* est dangereux.

254. — Liman du Dnieper. Au lieu d'un feu *fixe*, 2 feux *fixes*, sur l'angle de batterie maritime située dans le *Liman*.

254. — Sivers. Le feu inférieur est *fixe rouge*; le feu supérieur est *fixe blanc*.

254. — Après *Port Constantin*, **Rivière Boug.** A l'extrémité de la barre du fort *Constantin*, un feu *fixe rouge*, visible de 5 milles, élevé de 5 mèt.

— Des balises d'alignement signalent les câbles télégraphiques, sur les balises antérieures un feu *rouge*, et sur les balises postérieures un feu *jaune*.

255. — Tarkhan. Sirène de brume à vapeur.

255. — Penaï. Le phare montre un feu *vert*, signalant un haut fond à 1 mille 3/4 dans le S. 48° 30' O. du phare.

256. — Potii. Position : 42° 8' 20" N. et 39° 15' 44" E.

256. — Batoum. Les 2 feux sont remplacés par un seul feu *fixe blanc*, élevé de 15 mèt., visible de 8 milles.

257. — Sinope. Le feu *fixe rouge* est remplacé par un feu *fixe blanc*, visible de 12 milles.

257. — Vona Bournou (après Cap Kili). *Fixe blanc* élevé de 40 mèt., visible de 12 milles (41° 8' N. et 35° 28' E.).

257. — **Tchiva Bournou.** 2 *fixes rouges superposés*, visibles de 8 milles, élevés de 15 mèt. (41° 20′ N. et 34° 18′ E.).

257. — **Baffra Bournou.** 2 *fixes blancs* superposés, élevés de 15 mèt., visibles de 10 milles (41° 44′ N. et 33° 38′ 45′ E.).

258. — **Birioutchi.** Feu *fixe blanc*, élevé de 25 mèt., visible de 15 milles (46° 5′ 23″ N. et 32° 39′ 52″ E.).

258. — **Pestchani.** Sifflet de brume à vapeur, sons 4 sec., intervalles 22 sec.

258. — **Bieglit** (flottant). Montre 2 feux *fixes rouges*, un à chaque mât.

258. — Après *Yenikaleh,* **Yeni-Tcheak.** Phare montrant 2 feux *fixes rouges* verticaux, visibles de 15 milles (46° 10′ 53″ N. et 32° 29′ 46″ E.).

258. — **Berdiansk.** Le feu tournant est électrique, il montre ses *éclats blancs* de 5 sec. en 5 sec., visible de 15 milles.

— Sur l'extrémité N.-O. de la ville, un phare montrant 2 feux *fixes* verticaux. Le feu *supérieur,* élevé de 50 m. 3, visible de 15 milles.

259. **Alaya.** Le feu est allumé *tournant à éclats* de 1 m. en 1 min., élevé de 120 mèt., visible de 20 milles (36° 31′ 30″ N. et 29° 41′ 50″ E.).

259. — Après *Mersina,* **Mersyn.** A l'extrémité de la pointe un phare a été érigé (36° 46′ 45″ N. et 32° 18′ E.).

261. — **Baie de Suez.** On a allumé sur la rive N. de la baie un feu *fixe,* visible de 10 milles entre le N. 5° E. et le N. 9° O. (14°).

261. — **Dernah.** Feu *tournant à éclat* de 1 sec. en 1 s., élevé de 28 mèt., visible de 15 milles (32° 45′ N. et 20° 19′ 30″ E.).

261. — **Benghazi.** Feu *tournant à éclat* de 30 sec. en 30 sec., élevé de 22 mèt., visible de 15 milles (32° 7′ 25″ N. et 17° 42′ 30″ E.).

261. — **Alexandrie.** Le feu *rouge* du môle de l'E. est supprimé. Il y a un feu *fixe blanc* sur la tête du grand môle intérieur, visible de 3 milles.

261. — **Homs.** Feu *fixe,* élevé de 26 mèt., visible de 16 milles (32° 40′ 30″ N. et 11° 52′ 35″ E.).

261. — Ras Misratah. Feu *tournant à éclats* de **15 s.** en 15 sec., élevé de 42 mèt., visible de 18 milles (32° 25′ 15″ N. et 12° 49′ 30″ E.).

261. — Tripoli. Feu *tournant à éclat* de 1 m. en 1 m., élevé de 35 mèt., visible de 18 milles.

261. — Sousse. Sur l'extrémité du môle du port un feu *fixe rouge*, visible de 4 milles.

262. — Djerbah (île). Un ponton est signalé par un feu *fixe blanc*, élevé de 12 mèt., visible de 3 milles (33° 56′ N. et 8° 30′ E.).

262. — Bizerte. 2 feux, un *rouge*, l'autre *vert*, sont allumés dans la *Casbah*.

262. — Tabarque. Un feu *fixe rouge*, visible de 3 à 4 milles, sur le fort de l'île de *Tabarque*.

262. — Bône. Le feu *fixe* placé sur la pointe du *Lion* est supprimé.

Le feu *fixe rouge* de la jetée *Babayoub* est supprimé et remplacé par un feu *fixe blanc*, sur le musoir de la jetée. Il est élevé de 19 mèt., visible de 15 milles (36° 54′ 11″ N. et 5° 27′ 53″ E.).

262. — Après *Cap de Garde*, **Toukoush-Herbillon.** Un feu *fixe blanc*, élevé de 41 mèt., visible de 9 milles, tour cylindrique.

262. — Djidjelli. Un feu *fixe rouge* sur l'extrémité du débarcadère.

264. — Dellys. Un feu *fixe rouge* sur l'extrémité du débarcadère.

264. — Cap Bengut. Feu *fixe blanc*, élevé de 63 m. 4 et visible de 25 milles (36° 55′ 29″ N. et 1° 34′ 50″ E.).

268. — Tanger. Sur la batterie basse de la ville, un feu *blanc* et *rouge*, élevé de 19 mèt. Il paraît *blanc* dans la rade et *rouge* dans le détroit de *Gibraltar*.

OCÉAN ATLANTIQUE, AFRIQUE, ILES ÉPARSES

267. — Rivière Casamance. Le feu est *fixe rouge*.

267. — Sierra Leone. Le feu n'est visible que de 7 milles.

267. — Lagos. Le feu est *fixe blanc*, élevé de 18 mèt., visible de 8 milles.

268. — **Gabon.** A *Libreville*, 2 feux de port, l'un *rouge*, l'autre *vert*, en dedans de l'ext. de la jetée S.

268. — **Ascension.** Le feu est *fixe, rouge, vert;* allumé quand un navire est en vue.

268. — Après *Ascension*, **Lagostas.** Sur la colline, pointe N.-E. de la baie de *Loanda*, *fixe* à *éclats* de 2 min. en 2 min., élevé de 9 mét. 6, visible de 15 milles (8° 46′ 10″ S. et 10° 57′ E.).

268. — **Loanda.** Près de la pointe *Isabella*, 2 *fixes rouges* pour indiquer le chenal O. aux petits navires; feu intérieur sur les roches, feu extérieur sur une épave. Le bateau-feu est retiré.

268. — **Table Bay.** Sur le wharf S. un feu *fixe vert*, allumé pendant les coups de vents du N.

268. — **Naos.** Le feu inférieur (S.) est *fixe blanc*.

269. — **Ile Saint-Michel.** Le feu *rouge* de Ponta Delgada est rétabli.

269. — **Pechiguera.** Le feu est *fixe*.

269. — **Iles du Cap Vert** (*Ile Saint-Vincent*). Feu *fixe blanc* sur l'île des *Oiseaux*, élevé de 93 mét. 7, visible de 14 milles (16° 54′ 37″ N. et 27° 21′ 26″ O.).

— Feu *fixe rouge*, à *Mindello*, visible de 3 milles.

269. — **Porto Praya.** (*île Santiago*). Sur la pointe *Temerosa*, feu *fixe*, visible de 15 milles (14° 53′ 15″ N. et 25° 50′ 9″ O.).

— Feu projeté sur la pointe *das Bicudas*.

— Sur l'extrémité S.-O. de l'île aux *Cailles*, îlot *Santa Maria*, feu *fixe vert*.

— Sur le débarcadère de la ville, feu *fixe rouge*, visible de 3 milles.

269. — **Ile Fogo.** Sur le fort *Carlota*, feu *fixe rouge*, visible de 3 milles (14° 52′ 15″ et 26° 55′ 14″ O.).

269. — **Ile Brava.** Sur la pointe *Jalunga*, entrée du port de Furna, feu *fixe rouge*, visible de 3 milles (14° 51′ N. et 27° 4′ 44″ O.)

AMÉRIQUE ANGLAISE ET ÉTATS-UNIS

271. — On tire le canon toutes les demi-heures aux phares ci-après : *Belle-Ile, cap Rosier, pointe E. de l'île Anticosti, pointe Heath* (île Anticosti), *pointe des Monts* et île *Bicquette.*

272. — **Port Hants** (baie Trinité), après *Pointe Ford*, un feu *fixe rouge*, élevé de 19 mèt. 6, au sommet d'une tour octogonale *blanche*, sur la pointe N.-E. du port (48° 1′ 7″ et 55° 35′ 21″ O.).

274. — **Saint-Pierre.** Le feu de *Tête de Galantry* est *tournant* à éclats *blancs et rouges* de 10 sec. en 10 sec.

— Sur la pointe *Plate de Langlade.* Feu *scintillant* de 5 sec. en 5 sec., élevé de 47 mèt., visible de 20 milles (46° 48′ 54″ N. et 58° 44′ 17″ O.). Sirène de brume.

— Sur le *Cap Blanc.* Feu *blanc* à *éclats* de 10 sec. par min., élevé de 31 mèt. 3, visible de 16 milles (45° 5′ 57″ N. et 58° 44′ 5″ O.).

274. — **Havre Breton.** Le feu est *fixe blanc*, il est masqué dans la direction de la roche *Harbour.*

275. — Après *Cap Ray*, **Pointe de Sable** (Havre Saint-Georges). A l'extrémité de la pointe, un feu *fixe blanc*, élevé de 13 mèt. 3, visible de 18 milles (48° 27′ 30″ N. et 60° 50′ 40″ O.).

277. — Avant *Cap Madeleine*, **Pointe Fame.** Sur cette pointe, *fixe* à *éclats rouges* de 20 sec. en 20 sec., élevé de 60 mèt., visible de 20 milles (45° 6′ 48″ N. et 66° 56′ 34″ O.).

Les tours des phares du golfe et de la rivière Saint-Laurent ont les couleurs suivantes :

277. — **Côte Sud.** Pointe Faure — *blanc*, bande horizontale *noire*. Cap Madeleine — *blanc*, raies verticales *noires*. Riv. Martin — *blanc*, 2 bandes horizontales *noires*. Cap Chatte — *blanc*, 2 raies verticales *noires*. Matane — *blanc*, une bande horizontale et raie verticale *noire*. Pointe Father — *blanc*, bande horizontale *noire*.

Ile Anticosti. — Pointe Heat — *blanc*, bande horizontale *rouge*. Bagot's Bluff (pointe S.) — *blanc*, raie verticale *rouge*. Pointe S.-O. — *blanc*, 2 bandes horizontales *rouges*. Pointe O. *blanc*, 2 raies verticales *rouges*.

Côte Nord. — Sept Iles — *blanc*, bande horizontale *rouge*. Ile Egg — *blanc*, raie verticale *rouge*. Pointe des Monts — *blanc*, 2 bandes horizontales *rouges*. Pont Neuf — *blanc*, 2 raies verticales *rouges*.

277. — **Pointe des Monts**. Le Dépôt de provisions est supprimé.

278. — **Ile Lark**. Trompette de brume, sons de 20 sec. de durée, intervalles 40 sec.

278. — Après *Brandy Poto*, **Rivière du Loup**. Feu *fixe blanc*, élevé de 11 mèt., sur la pointe N.-O. de la jetée du port (47° 51′ 5″ N. et 71° 54′ 39″ O.).

278. — **Pointe Orignaux**. Ce feu sera à l'avenir *fixe blanc*.

279. — **Algernon Rock**. Ce feu est allumé. Il est élevé de 11 mèt. et placé par 47° 12′ 25″ N. et 72° 41′ 40″ O.).

279. — **Cap Rouge**. Ce feu n'existe plus. Il ne reste que les deux feux de direction.

279. — **Saint-Thomas de Montmagny**. Feu *fixe blanc* et *vert*, élevé de 9 mèt., visible de 6 milles (46° 59′ 30″ N. et 73° 53′ 34″ O.).

279. — **Carleton**. Le feu est *fixe blanc*.

281. — Après *Caraquette*, **Ile Poquesuedle**. Sur la pointe N.-E. un feu *fixe blanc*, élevé de 12 mèt., visible de 11 milles (47° 49′ 10″ N. et 67° 4′ 54″ O.).

281. — **Port Shippigan**. Ce feu est désormais placé sur la pointe *Alexander*, côté N.-E. du goulet. Un petit feu *fixe blanc* est allumé à 150 mèt. au S. 32° O. de celui-ci dans l'alignement de l'entrée.

281. — **Tracadie**. 2 feux *fixes blancs*, au côté N. du goulet, visible de 12 milles (47° 33′ 14″ N. et 67° 11′ 49″ O.).

281. — Après *Neguac*, **Ile Hay** (Baie Miramachi). 2 feux de direction : feu intér. *fixe blanc*, élevé de 8 mèt., visible de 10 milles; le feu postérieur, à 65 mèt., élevé de 9 mèt. et visible de 11 milles (47° 14′ 10″ N. et 67° 23′ 54″ O.).

281. — **Bay-du-Vin** (Baie Miramichi). 2 feux de direction *fixes blancs*, visibles de 11 milles (47° 5′ 20″ N. et 67° 27′ 19″ O.).

282. — **Ile Fox**. Sur la pointe N.-O. trois feux *fixes blancs* sur des balises, visible de 8 milles.

283. — **Buctouche** (après *Richibucto*). 2 feux *fixes blancs* de direction, sur des tours carrées, peintes en *blanc*, à 305 mèt. l'une de l'autre ; élevés de 11 mèt., visibles de 11 et 12 milles. Tour antérieure (46° 27′ 40″ N. et 66° 59′ 4″ O.).

283. — **Ile du Prince Edouard**. Position du feu de la pointe N. : 47° 34′ 6″ N. et 66° 19′ 28″ O.

283. — **Bi-Tignish**. Les 2 feux sont éteints et remplacés par un feu *fixe blanc*, à l'extr. inférieure du brise-lames N.. élevé de 10 mèt. 6 et visible de 11 milles (46° 57′ 35″ N. et 66° 19′ 34″ O.).

283. — Sur la pointe **Church** (*Port Buctouche*). 2 feux de direction, visibles de 9 et de 12 milles (46° 29′ 35″ N. et 67° 0′ 44″ O.).

283. — **Port Bedeque**. Le feu est *fixe blanc* dans l'intérieur du port, et *fixe vert* au-dessus des bancs *Miscouche*.

— Sur la *Pointe Indian*, un feu *fixe blanc et rouge*, élevé de 14 mèt. 6, visible de 13 milles (46° 22′ 40″ N. et 66° 9′ 4″ O.).

283. — **Crapaud**. Sur l'ext. O. du pont, au fond du port, feu *fixe*, élevé de 12 mèt. 5, visible de 3 milles (46° 13′ N. et 66° 48′ 15″ O.).

283. — Après *Port Grenville*, **Cove Head**. 2 feux *fixes blancs*, élevés de 10 mèt. et de 7 mèt., visibles de 3 milles.

284. — **Port Savage**. 2 feux de direction sont allumés.

284. — **Ile Saint-Peter** (Baie Hillsborough). Un feu *fixe blanc*, élevé de 14 mèt. et visible de 12 milles, sur la pointe O. de l'île (46° 7′ 10″ N. et 65° 31′ 54″ O.).

284. — **Knight** ou **Souris**. Feu *fixe blanc*, secteur *rouge* du côté du mouillage à l'abri du brise-lames.

284. — **Ile Wood**. Le feu est *fixe*, au lieu de *fixe rouge*.

284. — **Baie Hillsborough**, à *Port Orwell*. Un feu *fixe rouge*, élevé de 8 mèt. 5, visible de 8 milles.

284. — **Little Sands**. Le feu est éteint.

285. — Après *Ile Pictou*, **Cap King** (C.). Feu *fixe rouge*, élevé de 32 mèt., visible de 10 milles.

286. — **Little Narrows** (après *Port Baddeck*). Un feu *fixe*, élevé de 12 mèt. 2, visible de 10 milles, à l'entrée E., goulet du lac *Bras d'Or* (46° 0′ N. et 63° 18′ 40″ O.).

286. — Ile Stacarl. Signal de brume, sons de 5 sec., silence 10 sec.

287. Pointe Jérôme (*Baie de Saint-Pierre*). Un feu *fixe rouge*, élevé de 17 mèt., visible de 10 milles (45° 39' 5" N. et 63° 12' O.).

289. — Ile Wedge. *Tournant* de 3 m. en 3 m.

289. — Sheet Harbour. Ce feu est *tournant rouge*.

289. — Ile de Sable. Le feu de la pointe O. a été détruit par la mer.

291. — Après *Hobsons Nose*, **Ile Westhaver** (D. 6). Un feu *fixe blanc*, élevé de 13 mèt., visible de 18 milles (44° 26' 12" N. et 66° 40' 19" O.).

291. — Lunenburgh. L'appareil de brume est un cornet.

293. — Ile Seal. Sifflet temporairement supprimé.

295. — Cap d'Or. Pas de feu.

297. — Avant *Newcastle*, **Nathaniel Belyea** (D. 6) (Riv. *Saint-John*). Feu *fixe blanc*, élevé de 12 mèt., visible de 11 milles (45° 22' 35" N. et 68° 33' O.).

298. — Après *Midjic*, **Mascabin.** Trompette de brume, sons 7 sec., intervalles 30 sec. (45° 2' N. et 63° 13' O.).

299. — Riv. Sainte-Croix. Sur la pointe *Spruce*, feu *fixe*. Sur la pointe *Saint-Mark*, feu *fixe* (45° 10' 20" N. et 69° 32' 29" O.).

300. — Port Bass. Il n'y a plus de cloche de brouillard.

301. — Ile Marck. Trompette de brume.

301. — Heron Neck. Cloche de brume.

301. — Pumpkin. Cloche de brume.

301. — White Head. Sons du sifflet, 8 secondes par minute.

302. — Brown's Head. Ce feu est maintenant *rouge* entre le N. 49° E. et le N. 60° E. pour indiquer le chenal entre le banc *Fiddler's Ledge* au N. et les *Bay Ledges* au S. Cloche de brume.

303. — Séguin. Sons du sifflet de brume, 8 sec. par minute.

305. — Ipswich. Le feu à éclats est temporairement remplacé par un feu *fixe*.

305. — Gloucester. Le feu est *rouge*, *à éclats avec in*tervalles de 5 sec.

305. — Marble Head. En plus du feu actuel, on allume un feu *blanc* dans une lanterne.

306. — Narrows. Cloche de brume sonnée toutes les 20 sec.

308. — Avant *Pollock Rip*, Stage Harbor. Sur *Harding's beach*, *fixe*, élevé de 13 mèt. 7 (41° 39' 20" N. et 72° 19' O.).

308. — Pollock Rip. Le feu a été reporté à 3/4 de mille au N. 41° O. de son ancienne position.

308. — Pointe Monomoy. Cloche et cornet de brouillard.

308. — Handkerchief. Cloche de brouillard et cornet.

308. — Nantucket-shoals. Cloche et cornet de brouillard au lieu de cloche et canon.

d309. — Balise de Nantucket. Les feux sont supprimés.

310. — Holme's Hole. Sifflet de brume à vapeur, sons 3 sec., intervalles 27 sec.

310. — Dumpling. Cloche de brouillard.

311. — Après *Wing's Neck*, Borden's Flat. En face de la rivière *Fall*, un feu *fixe rouge*, élevé de 15 mèt., visible de 21 milles. Cloche de brouillard.

311. — Après *Brenton*, Castle-Hill. Cloche de brume.

311. — Cros Rip et Succonnesset. Ont un cornet et une cloche de brouillard.

311. — Récif Brenton. Cornet de brume en adjonction à la cloche.

311. — Après *Goat*, Newport. Feu projeté, dans le port intérieur.

311. — Après *Ile Goat*, Whale Rock. Feu *fixe rouge*, élevé de 22 mèt., visible de 14 milles. Cloche de brume (41° 25' 40" N. et 73° 45' 39" O.).

311. — Old Gay. Le feu allumé est *fixe blanc*, élevé de 16 mèt., visible de 12 milles. Cloche de brume (41° 34' 20" N. et 73° 46' 28" O.).

311. — Ile Dutch. Le cornet de brouillard a été remplacé par une cloche.

311. — **Poplar**. Le phare n'existe plus.

312. — **Warwick**. Cloche de brume.

313. — **Block Island**, n° 3. Les 2 feux de direction du brise-lames sont *fixes rouges*.

313. — **Race-Rock**. Le feu montre ses éclats de 10 sec. en 10 sec.

314. — **Ile Cedar**. Cloche de brume.

315. — **Stratford**. Eclats de 45 sec. au lieu de 90 sec.

315. — **Black Rock**. Le feu est *fixe rouge*.

316. — **Lloyd's-Neck**. Le feu est actuellement *fixe rouge*.

316. — **Prince's Bay**. Le feu allumé est *fixe blanc* à *éclat* toutes les 45 sec., élevé de 32 mèt. 3, visible de 16 milles (40° 30' 25" N. et 76° 33' 4" O.).

318. — **Great Beds**. Feu *fixe rouge*, élevé de 17 mèt., visible de 13 milles, allumé le 15 novembre 1880 (40° 29' 10" N. — 76° 35' 36" O.).

318. — **Robbin's Reeff**. Le feu *fixe* montre un *éclat* toutes les 6 sec.

318. — **Riv. Passaic**. Feu *fixe rouge*. Sur l'extrémité de la digue du *Gouvernement*, visible de 6 milles.

318. — **Elbow**. Le feu de la balise est *fixe rouge*.

319. — **Banc de Cinq-Brasses**. A l'extrémité N.-E. du banc, un feu flottant mouillé par 16 mèt. d'eau, montrant un feu *fixe rouge* au mât de misaine, un feu *fixe blanc* au grand mât, visible de 11 milles. Sifflet de brume (38° 57' 52" N. et 76° 52' 35" O.).

320. — Avant *Mispillon*, **Lewes**. A 2 milles au N.-O. de *Lewes*, un feu *fixe rouge*, élevé de 30 mèt., vis. de 16 milles (38° 47' 18" N. et 77° 30' 20" O.).

320. — **Rivière Maurice**. Le feu *fixe blanc* est remplacé par un feu *fixe rouge*.

320. — **Fourteen Foot**. La long. est de 77° 31' 4" O. Cloche et cornet de brume.

321. — **Ile Chery**. Cloche de brume.

321. — **Rivière Delaware**, après *île Cherry*. Des feux de direction sont allumés pour le passage du *Schooner ledge*, de la passe de l'île *Tinicum* et de la barre du fort *Mifflin* :

2 *fixes blancs* pour le *Schooner ledge*, 1 *blanc* et 1 *rouge* pour la passe *Tinicum*, et 1 *blanc* 1 *rouge* pour la barre *Mifflin*.

321. — Le feu de **Fort Mifflin** est éteint; on a allumé 2 feux de direction : l'un *blanc*, l'autre *rouge*, dans le passage *Horseshoe* (*Rivière Delaware*).

322. — **Winter Quarter.** Le feu est *fixe rouge*, au lieu de *fixe blanc*. Cornet et cloche de brume.

322. — **Cap Henry.** Le nouveau feu, *fixe blanc*, est élevé de 48 mèt. 8, visible de 19 milles. Sirène de brume.

323. — Après *Too's Marshes*, **Bell's Rock.** Un feu *fixe blanc*, élevé de 13 mèt. 8. Cloche de brouillard.

324. — **Clay** et **Hooper's Straits.** Un secteur *rouge* est ajouté à ces phares, il se coupe sur la bouée *Bishop's Head*.

324. — **Pointe Drum.** Entrée de la rivière *Patuxent*. Feu *fixe rouge*.

325. — Après *Ile Sharp*, **Pointe Bloody** (*île Kent*). Feu *fixe rouge*, élevé de 17 mèt., visible de 13 milles (38° 50' 5" N. et 78° 43' 44" O.). Cloche de brume.

327. — **Blakistone.** Cloche de brume au phare.

327. Après *Lower Cedar*, **Upper Cedar.** Sur la pointe, feu *fixe blanc*, élevé de 11 mèt., visible de 11 milles.

327. — **Fort Washington.** Position : 38° 42' 42" N. et 79° 22' 27" O.

328. — **Cap Fear.** Sur *Bald Head*, le feu est *rouge* à éclats de 30 séc. en 30 sec.

329. — **Ile Oak.** Cette île n'a pas de cloche de brouillard.

329. — **Georgetown.** A l'emb. de la riv. *Sampit*, un feu *fixe blanc*, sur une balise, élevé de 8 mèt. 2.

330. — **Fort Sumter.** Cloche de brume.

330. — **Fort Ripley Shoal.** Ce phare contient une cloche sonnée à interv. de 10 sec.

330. — **Cap Hilton.** Les 2 feux *fixes rouges* de direction sont allumés.

330. — **Ile Paris.** Les 2 feux *fixes blancs* de direction sont allumés.

330. — **Pointe Bloody** (*Ile Daufuskie*). 2 feux *fixes rouges* de direction, à 3/4 de mille l'un de l'autre.

331. — **Fig.** Le feu *fixe blanc* éteint est remplacé par un feu *rouge* allumé sur pilotis au côté S. de l'île, par 1 mèt. 5 d'eau à basse mer (32° 4′ 48″ N. et 83° 24′ 10″ O.).

331. — **Savannah.** *Fixe rouge* allumé sur la Banque. Tenir ce feu par le précédent, dès qu'on est à 3/4 d'une encâblure en amont du fort Jakson (32° 4′ 50″ N. et 83° 25′ 11″ O.).

333. — **Caye Sand.** Les éclats sont de 10 sec. chaque minute au lieu d'être de 5 sec.

335. — **Est Pascagoula.** Ce feu est *fixe.*

GOLFE DU MEXIQUE, ANTILLES

334. — **Cap San Blas.** Un feu *blanc* sur un poteau de 33 mèt. de haut, quand le feu actuel ne pourra pas être allumé.

335. — **Passe Christian.** Le feu est éteint.

336. — **Mississipi.** Le feu de la passe S., sur l'île *Gordon*, est remplacé par un feu *fixe à éclats* de 5 s. en 5 s., élevé de 33 mèt., visible de 16 milles.

336. — **Passe S.-O.** et **Passe à Loutre.** Les signaux de brume de ces 2 feux sont supprimés.

337. — **Galveston.** Le feu du bateau-feu est *fixe rouge.*

338. — **Pointe Fort.** Feu *fixe blanc* et *rouge*, élevé de 14 mèt. (29° 20′ 20″ N. et 97° 6′ 16″ O.).

338. — **Tampico.** Le feu est à *éclats* de 30 s. en 30 s., visible de 28 milles.

339. — Avant *Terminos*, **Frontera de Tabasco.** Feu *fixe blanc* à *éclats*, élevé de 23 mèt., visible de 11 milles (18° 36′ 6″ N. et 94° 57′ 26″ O.).

339. — Après *Campêche*, **Celestun.** Par 20° 51′ N. et 92° 45′ O. environ, on a signalé un feu visible d'environ 10 milles.

340. — **Port Limon.** Le feu est *fixe.*

340. — **Savanilla.** Le feu n'est visible que de 8 milles.

340. — **Santa Marta.** Le feu n'est visible que de 5 milles.

340. — La Hacha. Dans la tour de l'église, feu visible de 10 milles.

340. — Carthagène. Feu *blanc* à *éclats* de 15 sec. en 15 sec., élevé de 32 mèt., visible de 15 milles (10° 25′ 40″ N. et 77° 54′ O.).

340. — Ile Oruba. Sur la pointe E. de l'île, un feu de port, *fixe blanc*, provisoire.

340. — Buen Ayre. 2 feux de port, *fixes*, indiquant le mouillage.

— Sur le côté O. de l'île, feu *fixe blanc* (12° 9′ 39″ N. et 70° 39′ 18″ O.).

341. — Ile de la Trinité (flottant). Sur un ponton, un feu *fixe rouge*, élevé de 15 mèt., visible de 3 milles, sert à indiquer le mouillage.

341. — Orénoque. Supprimé provisoirement.

340. — La Jamaïque. Sur la pointe *Folly* (*Port Antonio*), feu *fixe blanc* et *rouge*.

346. — Les feux sur l'îlot central des *Arcadins* et sur la pointe *Lamentin* sont allumés. Le premier, *fixe*, est visible de 9 milles; le second, *tournant blanc* avec *éclats rouges* de 30 sec. en 30 sec., est visible de 15 milles.

346. — Puerto Rico. Sur la pointe S.-O. un feu *blanc* à *éclipses* de 1 m. en 1 m., élevé de 39 mèt., visible de 18 milles (17° 56′ 45″ N. et 69° 29′ 41″ O.).

— A l'extr. N.-E., sur le cap *San-Juan*, un feu *fixe blanc*, à *éclats rouges* de 3 min. en 3 min., élevé de 18 mèt., vis. de 18 milles.

— A *Ponce*, feu *fixe rouge*, élevé de 12 mèt., visible de 12 milles.

347. — Antigoa. Les 3 feux *fixes* sont éteints.

348. — Pointe à Pitre. Sur la pointe *Fouillole*, un feu *fixe rouge*, élevé de 24 mèt., visible de 6 milles (16° 13′ 35″ N. et 63° 51′ 42″ O.).

349. — Baie de Saint-Pierre. Un feu *fixe rouge*, élevé de 17 mèt., visible de 9 milles à l'extrémité S. de la place *Bertin* (14° 44′ 30″ N. et 63° 31′ 20″ O.).

— Le feu *orange, bleu, vert* de la batterie *Sainte-Marthe* est maintenant *vert*.

349. — Fort de France. Feu *rouge* sur l'appontement S. du port de carénage.

AMÉRIQUE DU SUD, BRÉSIL

351. — Après *Banc Bragança*, **Ile Galvotas**. Sur cette île, *fixe blanc*, élevé de 11 mèt., visible de 9 milles (0° 35′ 20″ S. et 50° 21′ 24″ O.).

353. — **San Francisco**. Le feu provisoirement étein est remplacé par un feu *fixe blanc*, visible de 6 milles.

354. — **Ile des Français**. Le feu allumé est *fixe*, élevé de 47 mèt. 4, visible de 14 milles (20° 54′ 40″ S. et 43° 2′ 47″ O.).

354. — **Ile Arvoredo**. Sur la pointe S. de l'îlot, feu *fixe blanc à éclats rouges et blancs* chaque 2 min., élevé de 90 mèt., visible de 20 milles (27° 18′ S. et 50° 42′ 30″ O.).

354. — **San Thomé**. Le feu allumé est *blanc à éclats*, élevé de 48 mèt., visible de 19 milles (22° 2′ S. et 43° 17′ 35″ O.).

354. — **Rio-Janeiro**. Sur le fort *Villegagnon*, feu *fixe rouge*, élevé de 18 mèt., visible de 7 milles (22° 54′ 40″ S. et 45° 29′ 54″ O.).

354. — **Cafofo**. Le feu est *fixe vert et rouge*.

355. — **Ile Anhatomirin**. Le feu est *fixe rouge*.

355. — **Pointe Batuba**. Feu *tournant* de 45 sec. en 45 sec., *éclat* 5 à 6 sec., élevé de 21 mèt., vis. de 10 milles (28° 16′ 45″ S. et 51° 0′ 35″ O.).

355. — **Punta de Castillos** (atterrages de la Plata). *Fixe blanc*, élevé de 40 mèt., visible de 20 milles (avant *Sainte-Marie*).

356. — **Buenos-Ayres**. Le bateau-feu est mouillé par 34° 35′ S. et 60° 31′ O.

357. — Après *Punta Arena*, **Famine Reach**. Dans la baie *Voces*, un feu *fixe vert*, visible de 1 mille.

GRAND OCÉAN

358. — Après *Valdivia*, **Port Corral**. A l'O. de la capitainerie du port, un feu *fixe rouge*, élevé de 33 mèt.

358. — Avant *Valparaiso*, **Ile Juan Fernandez**. Sur le môle, dans la baie *Cumberland*, feu *fixe blanc*, visible de 5 milles (33° 37′ S. et 81° 10′ O.).

358. — **Salavery**. Feu *fixe rouge* sur le versant de la colline *Carretas*.

359. — **Pascamayo**. Sur l'extrémité du môle, 2 feux *fixes horizontaux*, visibles de 8 milles.

359. — **Eten**. Sur l'extrémité du môle, un feu *fixe*, vis. de 3 milles.

359. — **Guayaquil**. Sur la pointe *Santa Elena*, feu *fixe blanc* varié par des *éclats* de 2 min. en 2 min., élevé de 140 mèt., visible de 30 milles (2° 12′ S. et 83° 19′ O.).

360. — **Libertad**. Ce feu est un simple fanal allumé seulement quand on attend le paquebot.

360. — **La Union**. Le feu est placé sur l'extrémité du wharf.

360. — Après *Mazatlan*, **La Paz**. 2 feux *fixes*, l'un *rouge*, l'autre *vert*, sur le débarcadère, vis. de 2 à 3 milles.

361. — **Santa-Cruz**. Feu *blanc* remplacé par feu *rouge*.

361. — **Farallon du Sud**. Le signal de brume placé à 180 mèt. de ce feu est une sirène à vapeur donnant des sons de 5 sec. toutes les 45 sec.

361. — Après *Pointe Pigeon*, **Montara**, à 4 milles au N. de la *pointe Pillar* (en construction).

362. — **Pointe Reyes**. Sirène de brume, sons de 5 s., intervalles 70 s., en remplacement du sifflet à vapeur.

363. — Après *Cap Foulweater*, **Tillamook**. Sur le rocher, feu à *éclats* de 5 sec. en 5 sec., visible de 17 milles. Sirène de brume (45° 56′ 11″ N. et 126° 21′ 26″ O.).

363. — **Pointe Adams**. Le feu est *fixe rouge*.

363. — **Cap Hancok**. La cloche de brume est supprimée.

364. — Après *Point-no-Point*, **West Point**, sound de *Puget*, feu montrant toutes les 10 sec. un *éclat rouge* et *blanc*, élevé de 8 mèt. 1, visible de 10 milles (47° 40' N. et 124° 46' O.).

364. — **Race**. Sifflet de brume à vapeur, sons de 5 sec., intervalles 72 sec.

365. — Après *Apia*, **Ile Molokaï** (*Morotoi*). Sur la pointe *Lae-o-Ka-Laan*, pointe S.-O. de l'île, un feu *fixe blanc*, élevé de 15 mèt., visible de 11 milles (21° 6' N. et 159° 38' O.).

366. — **Port de Nouméa**. Sur l'îlot *Amédée* un second feu *fixe blanc*, élevé de 15 mèt., visible de 5 milles.

MER DES INDES, MER DE CHINE, AUSTRALIE

369. — **Ibo**. Ce feu est allumé irrégulièrement.

369. **Nungwe** (*Nunowe*). Le feu allumé a paru *tournant* de 1/2 min. en 1/2 min.

369. — **Zanzibar**. Un feu est allumé dans la tour de l'horloge voisine du pavillon du sultan. Appareil électrique.

— *Ile Zanzibar*. Des phares sont en construction à *Dindalamitchi*; sur le *Ras Kizimkazi*, près du village de *Mungopani* et sur l'île *Mwana Mwana*.

369. — **Sainte-Marie de Madagascar**. Le feu allumé sur l'îlot *Madame* est *fixe rouge*, visible de 10 milles.

— Sur la pointe *Blevec*, île des *Nattes*, un feu *fixe blanc*, visible de 12 à 13 milles.

370. — **Ile Denys** (*Séchelles*). Sur la côte N.-O. de l'île, un feu *fixe blanc*, élevé de 18 mèt., visible de 12 milles (3° 48' S. et 53° 19' E.).

371. — **Les Frères**. Le feu allumé est *fixe blanc*, élevé de 21 mèt. 6, visible de 12 milles (26° 18' 50" N. et 32° 30' 30" E.).

372. — Avant *Côte de Malabar*, **Port Ibrahim**. Feu

fixe blanc sur l'ext. de la jetée intérieure; feu *fixe rouge* sur le musoir N., et feu *fixe vert* sur le musoir S.

372. — **Salnia**. Le feu est *fixe blanc et rouge*.

373. — Après *Verawall*, **Pointe Diu**, feu *blanc à éclats* de 10 sec. en 10 sec., élevé de 33 mèt., visible de 14 milles (20° 41′ 20″ N. et 68° 30′ 31′ E.).

374. — **Bombay**. Sur la roche *Sunk Rock*, Feu *blanc et rouge à éclipses*, élevé de 16 mèt. 4, visible de 14 milles.

— Le bateau-feu *Shannon* est retiré.

374. — **Ile Khundari**. Ce feu montre un *secteur rouge* quand on le relève du N. 1° E. au N. 24° O. couvrant les dangers.

374. — **Cap Tolkeswar**. Sur ce cap, *fixe blanc*, élevé de 101 mèt., visible de 15 milles du N. 14° O. au S. 16° E. (17° 33′ 50″ N. et 70° 47′ 30′ E.).

374. — **Ratnagiri**. Le feu *rouge* est remplacé par un feu *fixe blanc*.

375. — Après *Calicut*, **Rivière Beypore**. A l'entrée S. de la rivière, un feu *fixe rouge*, élevé de 18 mèt., visible de 6 milles (11° 9′ 45″ N. et 73° 27′ 36″ E.).

376. — **Colombo**. Un feu *fixe rouge*, sur l'ext. du brise-lames.

377. — **Pondichéry**. Un feu *rouge* et un feu *vert* sont allumés sur le pont-débarcadère pour indiquer que la barre est grosse et l'accès du pont interdit.

377. — **Pulicat**. Le feu *rouge* est remplacé par un feu *fixe blanc*, visible de 14 milles.

377. — **Madras**. Le feu est *fixe à éclats*, l'éclat est à l'éclipse comme 2 est à 3.

378. — **Armegon**. Le feu est *blanc*, à *éclats* de 20 sec. en 20 sec.

378. — **Balasore**. A l'entrée de la rivière, feu *fixe blanc*, élevé de 18 mèt., visible de 5 milles (21° 27′ 15′ N. et 84° 42′ 6′ E.).

379. — **Pilots' ridge** et **Rivière Hoogly**. Il ne sera plus brûlé de marrons à bord des bateaux-feux de la rivière Hoogly, et ces signaux ne seront plus faits qu'à bord des bricks-pilotes.

Pendant que le bateau-feu intermédiaire ne sera pas à sa station (c'est-à-dire du 1er décembre au 31 janvier), le bateau-feu inférieur de *Gaspar* brûlera, du lever au coucher du soleil, un feu de Bengale à chaque heure exacte, outre celui qui est brûlé actuellement à chaque demi-heure.

Ces changements n'affectent point l'ordre dans lequel les feux de Bengale où les fusées sont brûlés sur les autres bateaux-feux.

Le feu de *Pilot's Ridge* est actuellement par 20° 46′ N. et 85° 19′ 16″ E.

379. — **Mutlah.** Le feu est mouillé à 2 milles au S. de son ancienne position.

379. — **Long Sand** (flottant). A l'E. de *Long Sand*, chenal *Gaspar*, un bateau-feu temporaire (du 15 mars au 10 novembre) montre un feu *fixe blanc*, élevé de 6 mèt. 4, vis. de 6 milles.

380. — **Banc Krishna.** Le bateau-feu est peint en *rouge*. Par temps de brume on tire un coup de canon chaque demi-heure.

381. — Avant *Poulot Lumaut*, **Poulo Bourou.** Feu *fixe blanc*, élevé de 19 mèt., visible de 10 milles (5° 40′ 37″ N. et 93° 4′ 16″ E.).

381. **Pointe Muka** (*Ile Penang*). Feu à *éclats* et à *éclipses*, élevé de 242 mèt., visible de 30 milles (50° 27′ 40″ N. et 97° 50′ 11″ E.).

381. — **Pointe Fort** (*Ile Penang*). Un feu *fixe rouge*, élevé de 18 mèt. 3, visible de 10 milles (5° 24′ 32″ N. et 97° 59′ 56″ E.).

381. — **Poulo Lumaut.** Le feu est par 2° 53′ 40″ N. et 98° 31′ 46″ E. dans le N.-O. de la pointe.

381. — **Jugra ou Ingra.** Le feu *fixe blanc* est visible de 4 milles (2° 48′ N. et 99° 1′ 6″ E.).

381. — Après *Malacca*, **Poulo Undan.** Feu *intermittent* à intervalles de 10 à 20 sec., sur le milieu de l'île de ce nom 2° 3′ 40″ N. et 100° 0′ 45″ E.).

382. — **Banc Formosa** (après *Poulo Pinang*) flottant. Feu à *éclats* de 30 sec. en 30 sec., visible de 10 milles. Cloche de brume (1° 45′ 30″ N. et 100° 29′ E.).

382. — **Padang.** Le feu sur *Poulo Padang* est *fixe blanc*.

— Le feu de l'*Apenberg* est *fixe rouge*.

382. — **Vlakke-Hoek.** Ce feu est allumé et montre 3 *éclats* en succession rapide chaque 20 sec. Il est visible

quand on le relève du S. 41° E. au N. 57° O. par l'E. et le N., excepté du S. 71° E. au S. 75° E.

382. — **Détroit de la Sonde**. Sur la première pointe de *Java* le feu *tournant* de 30 sec. en 30 sec. est rétabli.

383. — **Edam**. Le feu allumé est *fixe blanc*, visible de 17 milles.

383. — **Tagal**. Feu *fixe blanc*, allumé, vis. de 8 milles.

384. — **Djoana**. Le feu allumé est *fixe blanc*, visible de 8 milles.

384. — **Sourabaya**. Le bateau-feu est retiré, 2 feux de direction sont allumés sur la pointe Slimpit et sur la pointe Piring.

384. — Avant île de *Madura*, **Dét. de Sourabaya**. — 2 feux de couleur indiquant l'entrée du bassin de la marine à *Sourabaya* sont allumés, l'un sur le môle O., l'autre sur le môle E. (7° 11′ 54″ S. et 110° 23′ 31″ E.). — Un bateau-pilote est mouillé par 6 mèt. d'eau, il montre 2 feux horizontaux (7° 23′ 31″ S. et 110° 36′ 26″ E.).

384. — **Probolingo**. Un feu *fixe blanc* est allumé, vis. de 8 milles (7° 43′ 40″ S. et 110° 52′ 26″ E.).

384. — **Panar-Kan** (*Panárochan*). Le feu est *fixe rouge*.

384. — **Koro**. Cloche sonnée si l'appareil est dérangé ou s'il y a de la brume.

384. — **Sangsit**. Ce feu est allumé. Il est *fixe blanc*, visible de 8 milles (8° 5′ 30″ N. et 112° 43′ 16″ E.).

385. — **Timor Koupang**. Feu de port *fixe blanc*, vis. de 10 milles (10° 9′ 49″ S. et 121° 13′ 39″ E.).

385. — **Ondiep Water**. Le feu allumé est *fixe blanc*, élevé de 61 mèt., visible de 20 milles (3° 19′ 10″ S. et 104° 52′ 11″ E.).

385. — **Ile Langkoeas** (*Billiton*). Feu *tournant, blanc,* à *éclats* et à *éclipses*, élevé de 61 mèt., visible de 20 milles (2° 35′ 30″ S. et 105° 18′ 2″ E.).

385. — **Tandjong Ouléar**. Ce feu est allumé. Il est *fixe rouge*, visible de 5 milles, par 1° 57′ 40″ S. et 102° 46′ 43″ E.

386. — **Gorontalo**. Le feu allumé est *fixe blanc*, vis. de 10 milles (0° 29′ 41″ N. et 120° 42′ 54″ E.).

386. — **Port Royallst** (*Baie Yuahit*). Feu de port *fixe*

blanc, élevé de 13 mèt., visible de 7 milles (9° 43' 43" N. et 116° 21' 57" E.).

387. — **Corrégidor**. Feu *fixe*, sur le bout du môle de l'Ouest.

388. — Après *Soulou*, **Rivière Menam** ou **Bangkok** (flottant), A l'embouchure de la rivière, feu *fixe rouge*.

388. — Après *Mancao*, **Lantao**. Un feu *fixe rouge* sur un rocher, entre les îles *Lantao* et *Chung*.

388. — **Can Giou**. Le feu est *fixe*.

389. — **Canton**. Sur l'ext. N.-E. de la roche du fort *Ma cao*, feu *fixe vert*.

— Sur l'accore S.-O. de la roche *Haeshim*, feu *fixe rouge*.

— Sur l'ext. N. des roches *Shamien*, feu *fixe rouge*.

389. — **Ile Formose**. Le feu est *fixe blanc* et *rouge*, élevé de 46 mèt., visible de 20 à milles (21° 54' 24" N. et 118° 30' 40" E.).

— Sur le fort **Zélandia**. Un feu *fixe blanc*, élevé de 18 mèt.

389. — Après *Ile Formose*, **Ile Sugar Loaf**. Sur cette île, *fixe blanc à éclats rouges* de 30 sec. en 30.30 sec., élevé de 61 mèt. et visible de 8 milles (23° 19' 8" N. et 114° 24' 40" E.).

389. — **Cap de Good Hope**. Sur ce cap, *fixe blanc et rouge*, élevé de 52 mèt. Il est *fixe rouge* quand on le relève entre le S. 32° E. et le S. 10° E.: *fixe blanc à éclipses* de 4 sec. toutes les minutes, entre le S. 10° E. et le N. 8° 30' E. par le S. et l'O.; *fixe rouge à éclipses* de 4 sec. du N. 30' E. à la pointe *Ma-urh* qui le masque. Coups de canon de brume.

389. — Après *Formose*, **Pointe Breaker**. Un feu *intermittent blanc et rouge*, élevé de 46 mèt. 5, vis. de 19 milles (22° 56' 10" N. et 114° 7' 6" E.). *Blanc* quand on le relève entre le S. 55° O. et le N. 53° E. par l'O.; *rouge* à terre de ces relèvements. Coups de canon de brume.

389. — Après *Ile Taitan*, **Ile Dodd**. Feu *intermittent blanc et rouge*, élevé de 45 mèt., visible de 18 milles (24° 26' 16" N. et 116° 8' 50" E.).

390. — Après *Ile Volcano*, **Ile Steep** (archipel *Chusan*). Feu à *éclats* de 30 sec. en 30 sec., élevé de 74 mèt., visible de 22 milles (30° 12' 27" N. et 120° 16' E.).

390. — **Ile Bonham.** Feu montrant un *éclat blanc et rouge* de 30 sec. en 30 sec., élevé de 72 mèt., visible de 22 milles (30° 37′ 21″ N. et 120° 5′ 30″ E.).

391. — Après *Port Chefou*, **Ile Howki**. Feu *tournant à éclats*, élevé de 99 mèt., visible de 24 milles (38° 3′ 45″ N. et 118° 18′ 46″ E.). Coups de canon de brume.

392. — **Pei-Ho.** Le bateau-feu de *Takou* a été remis en place. Il est par 5 mèt. 2, à 3 milles et demi au N. 39° O. de la bouée rouge de l'entrée. Il porte un feu *fixe blanc*, élevé de 11 mèt., visible de 10 milles.

Petit feu *blanc* d'évitage à l'avant, à 2 mèt. 50 au-dessus des bastingages. Le bateau est *rouge* avec *Taku* en lettres blanches sur les côtés et un ballon *noir* à la tête du mât. Gong de brume toutes les minutes.

Si le bateau-feu n'est pas à son poste, le feu est remplacé par un petit feu *rouge* à l'avant et à l'arrière, le ballon est démonté ou surmonté d'un pavillon rouge (38° 53′ N. et 115° 30′ 16″ E.).

392. — **Simabara.** Le feu *fixe* de *Kutchinotsu* est sur la pointe O. de l'entrée du port.

392. — **Nagasaki.** Feu sur *Kageno Sima*, *fixe rouge*, élevé de 12 mèt. 2, visible de 8 milles (32° 42′ 42″ N. et 127° 29′ 23″ E.).

392. — **Takasima.** Feu *fixe blanc, rouge et vert* (33° 34′ N. et 127° 34′ E.).

393. — **Kobé.** Feu *fixe rouge* sur l'ext. de la jetée du port des jonques.

394. — **Yokohama.** Le bateau-feu a coulé, il est remplacé par un bateau peint en *noir*. Pavillon *blanc* avec la lettre L peinte en *rouge*.

394. — Après *Fushiki*, **Rokko Saki**. Feu *fixe blanc*, élevé de 46 mèt., visible de 18 milles (37° 30′ N. et 134° 59′ E.).

395. — Après *Fushiki*, **Tate Ishi Misaki**. Sur la pointe E. du port *Tsuruga*, feu *fixe blanc*, élevé de 124 mèt., vis. de 120 milles.

395. — **Hokodadi.** Cloche de brume.

395. — Avant *Kado Sima*, **Tsuruga**. Sur la pointe O. de l'entrée du port, un feu *fixe blanc*, élevé de 124 mèt., vis. de 20 milles (35° 47′ 30″ N. et 133° 37′ 46″ E.).

395. — **Endormo.** Feu *fixe blanc*.

396. — **Galdobin.** Il y a actuellement près de ce feu un système de 2 cloches, l'une grande, l'autre petite; par brume, la grande sonnera à coups espacés; quand on entendra des signaux d'un bâtiment, elles sonneront toutes deux à coups précipités.

396. — **Vladivostok.** 2 feux *fixes*, sur la jetée de l'*Amirauté*, celui de l'O. *vert*, et celui de l'E. *rouge*, à l'extrémité à terre, 2 feux *fixes blancs*.

396. — **Ile Askold.** Feu *tournant, blanc* à *éclats* de 1 min. en 1 min., visible de 25 milles (42° 43′ 40″ N. et 130° 1′ 21″ E.).

396. — **Cap Crillon** (*Détroit de Lapérouse*). Feu *fixe blanc* avec secteur *rouge*, élevé de 41 mèt., visible de 13 milles.

397. — Après *Cooktown*, **Grassy hill.** Feu *fixe*.

397. — Après *Iles Piper*, **Tien-tsin.** Feu *fixe blanc* (20° 40′ S. et 114° 48′ 56″ E.).

397. — **Pointe Archer.** — Feu *rouge, blanc, vert*, élevé de 67 mèt., visible de 20 milles (15° 36′ S. et 143° 1′ 16″ E.).

397. — **Ile Rocky.** Feu élevé de 27 mèt., visible de 14 milles.

398. — **Ile Dent.** 4 couples de feux de direction ont été établis pour conduire du large, dans les divers chenaux de la rivière Pioneer, jusqu'à la ville.

398. — **Cap Capricorne.** Un 2ᵉ feu *fixe blanc*, élevé de 30 mèt. 5, visible de 14 milles dans le N. 61° 30′ O. du feu existant.

398. — **Port Curtis.** Feu *fixe blanc* et *rouge* sur la pointe *Auckland*.

399. — **Rivière Burnett.** En dedans de *South Head*, feu *fixe rouge*.

399. — **White Cliffs.** Rade de *Tyroom*, riv. *Mary*, 2 feux *fixes*, visibles de 8 et 9 milles (25° 24′ 20″ S. et 150° 41′ 50″ E.).

400. — **Moreton.** Les éclipses sont de 60 sec.; le feu est donc *tournant* de 1 m. 15 s. en 1 m. 15 s.

400. — **Brisbane.** L'alignement des 2 feux de la station télégraphique de Lytton sert de marque avant d'arriver à la balise extérieure; leur couleur est douteuse. Le feu de la pointe Cleveland est masqué à l'E. du S. 32° E.
Le feu de balise de l'E. est éteint.

402. — **Newcastle**. A 65 mèt. de l'ext. du brise-lames du côté S. de l'entrée du port, *fixe rouge*.

402. — **Baie Broken**. Les deux feux *fixes blancs* sont remplacés par un feu *fixe rouge*.

402. — **Port Jackson**. Le feu de la tour *Macquarie* est *électrique, blanc à éclats* toutes les minutes.

— Près de *Baie Vaucluse*, 2 feux *fixes rouges*.

403. — **Ile Montagu**. Le feu provisoire est remplacé par un feu *blanc, à éclats, tournant* de 1 m, en 1 m., élevé de 76 mèt. 2, visible de 20 milles (36° 15′ 20″ S. et 147° 54′ 16″ E.).

403. — **Port Albert**. Le feu est éteint.

403. — **Cap Green**. Feu *blanc à éclats* de 1 m. en 1 m., élevé de 51 mèt. (37° 15′ 30″ S. et 147° 44′ E.).

404. — **Port Western**. Sur la *Hastings*, feu *fixe rouge*.

— Sur la jetée *Griffith*, feu *fixe*.

405. — **Port Philip**. Le feu de *Swan Spitt* a été détruit; on a mouillé à 1 encâblure au N. 76° E. du phare un bateau-feu montrant un feu *fixe rouge*.

Un feu *fixe vert*, visible de 3 milles, sur la pointe *Nepean*.

— Feu *fixe vert*, à l'extrémité de la jetée de *Saint-Kilda*.

405. — **Williamstown**. Il y a un *fixe rouge* sur le dauphin noir extérieur; un *vert* sur la balise Elbow, un *blanc et rouge* sur la plage.

406. — **Canal de l'Ouest** (*Port Philip*). Un feu *fixe, blanc, rouge*, sur pilotis au N.-E. du banc de l'O. par 4 m. 5 d'eau, élevé de 11 mèt. 4, visible de 11 milles.

406. — **Geelong**. Feu *fixe rouge* à l'ext. de la jetée du chemin de fer.

407. — **Port Fairy**. A l'embouchure de la rivière *Moyne*, un feu *rouge* et *blanc*, visible de 3 milles.

407. — **Cap Otway**. Un feu *fixe rouge* est allumé dans la même tour.

407. — **Macdonnel**. Le feu est remplacé par un feu *tournant, à éclats* de 1 min. en 1 min.

408. — Après *Cap Jaffa*, **Rochers Carpentier**. Feu à *éclats rouges* et *blancs*, élevé de 28 mèt., visible de 8 et 10 milles (37° 54′ 15″ S. et 138° 2′ 56″ E.).

408. — Après *Cap Jaffa*, **Meiningie** (*Lac Albert*). Feu *fixe blanc*, visible de 5 milles (35° 42′ S. et 136° 58′ E.).

408. — **Adelaïde**. 12 feux à gaz allumés sur des balises dans la rivière de *Port-Adelaïde* doivent être laissés par tribord en entrant.

Un feu *fixe rouge* a été allumé sur la tour du ponton *Fitz James*, mouillé auprès du môle du sémaphore.

On a allumé sur la tête du môle du S. un feu *fixe vert*, visible de 5 milles.

409. — Après *Port Augusta*, **Pointe Lowly**. Feu *tournant*.

409. — **Wallaroo**. Sur le nouveau môle, un feu *fixe rouge*, élevé de 7 mèt., visible de 4 milles.

409. — **Corny**. Sur la pointe, feu *fixe blanc*, élevé de 30 mèt., visible de 14 milles (34° 54′ S. et 134° 41′ E.).

409. — **Baie Champion**. Les feux *rouges* de direction sont remplacés par des feux *fixes blancs*.

409. — Après *Pointe King*, **Port Victoria**. Feu *fixe blanc*, visible de 5 milles.

409. — **Moonta**. Feu *fixe blanc*, visible de 5 milles.

409. — **Port Germein**. Feu *fixe rouge*, visible de 5 milles.

— Dans la baie *Germein*, un bateau-feu, montrant un feu *fixe blanc*, visible de 8 milles (33° 3′ 30″ S. et 135° 31′ 31″ E.).

411. — **Port Thames**. Un feu *fixe blanc* sur le côté E. du chenal *Kauaeranga*.

411. — Après *Rivière Thames*, **Rivière Turanga Nui**. Sur un mât du pavillon situé au côté O. de l'entrée de la rivière, *fixe rouge*, élevé de 11 mèt., visible de 5 milles (38° 40′ 30″ S. et 175° 42′ 16″ E.).

411. — **Port Napier**. Les 3 feux sont remplacés par un feu *fixe*, élevé de 8 mèt. et visible de 7 milles. Il est *blanc*, entre le S. 65° O. et le S. 54° O.; *rouge* entre le S. 54° O. et le S. 45° O.; *blanc*, entre le S. 45° O. et le S. 6° O.; *vert* entre le S. 6° O. et le S. 14° E.; *blanc* dans l'O. du mouillage.

411. — **Wellington**. 2 feux *fixes verts*, sur l'ext. de la jetée du chemin de fer à *Port-Nicholson*.

412. — Après *Patea*, **Cap Egmont**. Un feu *fixe blanc*, élevé de 32 mèt., visible de 15 milles (39° 17′ S. et 171° 26′ E.).

412. — **Wanganui**. Les 2 feux de la rivière sont *blancs* et *rouges*.

412. — **New Plymouth**. Le feu est actuellement *fixe rouge*.

413. — Avant *Cap Campbell*, **Rivière Wairau**. Sur un mât de pavillon, au côté O. de l'entrée de cette rivière, *fixe blanc* élevé de 11 mèt. 5, visible de 11 milles.

413. — **Port Litelton**. Sur l'ext. S.-O. du môle E., un feu *fixe rouge*, visible de 5 milles.

413. — **Timaru**. Le feu est *blanc* avec un secteur *vert*. 2 feux *fixes rouges* sur l'ext. du brise-lames.

413. — Après *Port Bluff*, **Invercargill**. Sur la tête du môle, un feu, élevé de 4 mèt.

414. — **Rivière Hokotika**. Il existe dans le port 2 balises, l'une intérieure à feu *rouge*, l'autre extérieure à feu *blanc*. En outre, un feu *vert* est allumé sur l'ext. O. du *North protection Wall*, pendant le flot, lorsque les navires peuvent entrer ou sortir.